고래 피-익
Gore Pick

강릉맛집

오늘도 나는
맛있는 강릉을 만나러 간다

딩동, 딩동, 아침부터 휴대폰 울리는 소리로 잠을 깬다. 아침에는 비교적 참을 만하지만 점심때가 가까워지면서부터는 더욱 거세게 알림음이 울린다. 쉴 새 없이 울리는 알림음, 들어도 들어도 반가운 소리다. 우리 회원들이 맛있게 먹은 메뉴를 카페 게시판에 업로드하는 소리이기 때문이다. 오늘은 또 누가 무얼 먹었나? 뭔가 신박한 새로운 메뉴나 식당이 나온 건 없나? 생각만으로도 즐겁다.

<강릉맛집멋집> 카페지기를 맡고 있는 나의 일상은 이렇듯 카페 회원들과 늘 함께한다. 실제 얼굴을 맞대지는 못해도 아침에 무얼 먹었는지, 맛은 어땠는지, 저녁에는 무얼 먹을 건지 등에 대해 댓글로 아주 자잘한 것까지 소통한다. 그러다보면 하루가 금세 저문다. 그렇다고 먹는 것을 멈출 수 있나. 늦은 저녁은 물론 야식 메뉴까지 카페는 조용할 틈이 없고, 더불어 내 휴대폰도 뜨거워진다.

<강릉맛집멋집> 카페는 2006년 12월 6일에 개설했다. 소금인형님이 1대 카페지기를 맡았고, 2012년 8월부터 지금까지 내가 2대 카페지기를 맡고 있다. 처음에는 회원도 많지 않아서 함께 맛있는 식당을 찾아다니며 식도락을 즐기곤 했다. 그런데 점차 회원이 많아지자 맛있는 집을 공유하려는 자발적

인 게시글이 올라오기 시작했다. 너도나도 '이 식당에 가서 이 것을 꼭 먹어봐라'는 추천글을 올렸고, 댓글에 대댓글이 달렸 다. 게시글이 늘어날수록 회원 수도 늘어나 이제는 만 명에 육 박하는 강릉을 대표하는 맛집 카페가 되었다.

카페지기를 하면서 나 스스로도 놀란 것이 있다. 내가 나 고 자란 고향 강릉에 대한 애정이 갈수록 깊어졌다는 것이다. 강릉에 맛집이 이렇게나 많았나 생각하며 스스로 놀랐고, 그 토록 많은 맛집을 찾아 강릉 이곳저곳을 다니면서 강릉에 대 해 더 속속들이 알게 된 것이다. 알면 알수록 고향 강릉에 대 한 애정이 커져갔고, 애정은 서서히 자부심으로 변해 마음속 에 자리 잡게 되었다.

이 책은 내 마음속 강릉에 대한 자부심의 발로다. 유서 깊 은 문화도시인 강릉은 맛있는 먹거리도 적지 않고, 맛있는 식 당도 적지 않다. 이 책이 강릉 사람에게는 새삼 '우리 곁에 이 렇듯 많은 맛집이 있었지' 하는 즐거운 위안, 강릉을 방문한 이에게는 좋은 강릉 맛집 가이드가 될 수 있기를 바란다.

사실, 강릉의 맛집이 지면에 실린 45곳 이 집들뿐이겠는 가. 숨은 맛집을 더 많이 발굴하고 소개하고 싶었지만, 이런 저런 사정상 모두 싣지 못해 아쉬운 마음이 크다. 더불어 식당 을 운영하는 분들은 가장 일선에서 강릉 경제를 떠받치고 있 는 버팀목인데, 시절이 참 힘들다. 이 책이 그분들께 뜨거운 응원의 함성으로 가 닿을 수 있기를 바란다.

2020. 12. 김주영

목차

책을 펴내며.04

**오늘도 나는
맛있는 강릉을 만나러 간다**

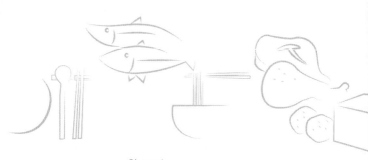

Chap.1
시골 정취 가득 담은 건강한 밥상 **한식**

감천골 쌈밥	10
남매식당	12
밥은먹고다니냐	14
산마을	16
서당골	18
옛빙그레김밥	20
철뚝소머리국밥	22
카페 선	24
큰기와집	26

나만의 별점표를 작성해보세요

Chap.2
동해 바다 싱싱함 가득 **해산물 요리**

남애수산횟집	30
늘푸른집	32
대은횟집	34
제주해인물회	36
어국	38
옥경식당	40
대철이네 매운탕	42
주문진포구	44
주문진항#20	46
생선매운탕 전문점 탕!	48

Chap.3
오랜 우정처럼 슴슴하고 한결같은 **두부·감자**

고향산천 초당순두부	52
그 옛날 초당순두부	54
연지식당	56
토담순두부	58
포남사골옹심이	60

Chap.4
면치기, 몇 번까지 해봤어? **국수 요리**

까치칼국수   64

남북면옥   66

삼교리동치미막국수   68

노래곡막국수   70

부일손칼국수   72

안목바다식당   74

용비집   76

청송장칼국수   78

Chap.5
지글지글, 육즙 가득한 소리 **맛있는 고기집**

강릉갈비   82

다이닝블루   84

모닥불   86

부성불고기찜닭   88

소나무등심식육점   90

윙윙치킨   92

정통한우 본갈비   94

Chap.6
맵고 빨간 짬뽕 VS 검은 짜장 **중화 요리**

경포중국집   98

신성춘   100

신짬   102

원성식당   104

해령루   106

고래빵집   108

나만의 맛집 112

책을 마치며 118

일러두기

찐(?)만이 알 수 있는 주영곰님의 팁을 소개했습니다.

기본정보입니다.

업체 사정에 따라 조금 다를 수 있습니다.

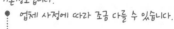

주소. 율곡로 2848 (옥천동 145-2)
영업시간. 09:00~21:00
휴무. 없음
전화. 033-641-0700
주차. 있음
대표메뉴. 피자빵 5,000원, 밤식빵 4,000원

DAUM 지도로 연결됩니다.

Chap. 1

시골 정취 가득 담은 건강한 밥상

한식

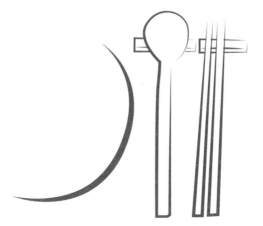

신선한 쌈 채소와 생선구이의 만남

감천골 쌈밥

포남동 탑텐 뒷골목으로 가면 쌈밥 생선구이 전문이라고 크게 간판에 써 붙인 곳이 있다. 강릉 사람들은 옛날 동해상사 뒤편이라고 하는 곳, 바로 감천골쌈밥. 이곳은 메뉴를 고를 일이 없다. 들어가서 몇 사람이 왔는지만 말해주면 바로 상차림이 시작된다. 왜냐하면 쌈생선구이정식 단일 메뉴만 내기 때문이다.

6가지 정도 나오는 반찬 모두 간이 약해서 재료 본연의 맛을 느끼게 해줘 좋다. 또, 비지찌개와 강된장, 다시마와 당근, 방울토마토, 브로콜리, 고추 등도 한데 담겨 나온다. 강된장에 찍어먹으면 건강해지는 느낌이 절로 든다. 생선은 주로 고등어, 꽁치, 임연수, 삼치 등이 인원수에 따라 나온다. 생선구이가 약간 부족하다 싶으면 추가해서 먹을 수 있다.

'감천골' 최고의 하이라이트는 '생선'이 아니라 '쌈'이다. 쌈 채소는 추가가 전혀 필요 없을 정도로 많이 나온다. 상추, 배추, 양배추, 치커리, 깻잎, 쑥갓, 청경채 등 10여 가지 채소가 푸짐하게 나오는데, 담음새 또한 특별하다. 10여 가지 채소를 꽃바구니처럼 예쁘게 담았는데, 맨 위에는 실제 꽃이 한두 송이 올라와 상차림을 받는 손님을 기쁘게 한다. 신선한 야채와 어우러진 생선구이 맛에 탐닉하다 보면 어느새 밥 한 그릇 뚝딱이다.

이제, 잘 먹었다 싶은 순간 주인장이 후식을 들고 온다. 삼지구엽차다. 맑은 갈색 빛이 도는 차를 물처럼 들이켰다가는 아차 싶다. 왜냐하면 엄청 쓰기 때문이다. 강장, 항균 작용을 한다는 삼지구엽초를 차로 끓인 것인데, 쌉쌀한 맛 때문에 생선을 먹고 난 다음 입안에 도는 비린 맛을 싸악 없애준다. 구수한 숭늉에서부터 쌉싸름한 삼지구엽차까지 오랜만에 먹는 집밥 같은 밥상이다.

쌈채소로 예쁘게 꽃꽂이 만들어 주시는 사장님,
생선 추가는 꼭 하셔야 합니다.

주소. 성덕포남로152번길 16 (포남1동 1278-133)
영업시간. 매일 09:00~22:00
휴무. 명절 휴무
전화. 033-652-7157
주차. 없음
대표메뉴. 생선구이정식 12,000원, 생선 추가 4,000원

값싸고 맛있는 백반이 그리울 땐

남매식당

오래된 점포는 항상 옳다. 이곳을 방문할 때면 그 말에 더욱 고개가 끄덕여진다. 20년이 훌쩍 넘는 시간 동안 한 자리에서 따뜻한 밥상을 손님에게 내온 '남매식당' 말이다. 이름도 정겨운 이 식당은 포남동 올림피아 호텔 부근에 위치해 있는데, 강릉역에서도 걸어서 20여분 정도면 갈 수 있다. 낡은 간판에 작은 식당이지만 그래서 더 정감이 가는 곳이다.

이곳은 가정식 백반집이다. 메뉴를 주문하면 커다란 쟁반에 10여 가지 밑반찬이 밥과 함께 차려져 나오는데, 집에서 엄마가 차려준 밥처럼 푸근하다. 청국장, 두부찌개, 된장찌개, 비빔밥, 오징어볶음, 제육덮밥이 메뉴의 전부인데, 어느 것을 주문해도 맛있다. 흔히 먹는 콩나물 무침, 시금치 무침, 고사리 볶음, 호박 볶음, 감자반찬, 김치, 젓갈 등의 밑반찬이 간도 적당하고 정성이 담겨있어 계속 먹어도 질리지 않는다.

'남매식당'의 메뉴 중 단골손님들이 가장 좋아하는 것은 오징어볶음이다. 매콤한 양념에 보들보들한 오징어, 아삭한 야채의 식감이 잘 어우러져 누구든 최고의 메뉴로 꼽기를 주저하지 않는다. 오징어볶음은 2인 이상 주문이 가능하다.

이곳의 또 다른 좋은 점은 아침 일찍부터 영업을 시작하기 때문에 이른 시간부터 아침밥을 먹을 수 있다는 것이다. 주머니 가볍게 평범한 밑반찬에 따끈한 찌개 한 상으로 아침밥을 배불리 먹고 싶다면 '남매식당'도 좋은 선택이다.

아침 일찍 시작하는 남매식당, 가성비 최고!
달걀 프라이 주는 집

주소. 경강로 2234번길6 (포남동 1143-3)
영업시간. 매일 08:00~점심 식사 분량 소진 시까지
휴무. 매주 일요일
전화. 033-642-7113
주차. 없음
대표메뉴. 청국장 6,000원, 두부찌개 6,000원,
오징어볶음(2인분) 18,000원

카페 같은 예쁜 밥집

밥은먹고다니냐

강릉에는 어느 곳이든 성수기가 따로 없다. 맑은 공기에 푸른 동해 바다는 물론, 호수와 달, 게다가 골목마다 고소한 커피 향까지 은은하게 퍼지는 곳이니, 그런데, 이렇듯 사계절 내 내 핫한 강릉에서도 관광객들로 가장 붐비는 곳을 꼽는다면 바로 초당마을이다. 이미 고전이 돼버린 초당두부 맛집은 물론이고, 새로운 식당이나 이색적인 디저트 카페도 속속 들어 서고 있다. 그중에서도 단연, 눈을 확 끄는 외관을 한 곳이 있 으니 바로 '밥은먹고다니냐'라는 재미있는 이름의 식당이다.

경포 아쿠아리움 맞은편에 위치한 이곳은 빨간 간판만으로도 지나치던 이의 눈길을 사로잡는다. 식당 건물도 넓고 모던한 느낌이 있어 언뜻 보면 카페처럼 보인다. 하지만, 재미난 이 식당의 이름처럼 이곳은 단 3가지 메뉴만을 파는 밥집이다. 불고기밥, 꼬막밥, 빨간소해장탕이 그것인데, 모두 전혀 다 른 맛이라 취향이 다른 사람들도 한 테이블에 앉게 하는 매력 이 있다.

그중 꼬막밥은 쫄깃한 식감을 자랑하는 국내산 여수 꼬막에 고소하고 매콤한 양념을 얹어 함께 비벼먹는 것으로 손님들 에게 가장 인기 있는 메뉴다. 국물이 자작한 불고기밥은 공기밥이 따로 나오는데, 아이들이 먹기에도 적당할 만큼 부드럽다. 빨간소해장탕은 얼큰한 맛으로 해장에는 좋지만 위를 자극할 정도로 맵지는 않다.

가게 앞에 넓은 주차장이 있고, 건너편에는 이름난 커피, 디저트 카페 등이 있어 식사 후에는 천천히 걸어서 후식을 먹으러 가기에도 좋다.

초당엔 순두부도 있지만, 깔끔한 꼬막 비빔밥도 있답니다.

주소. 난설헌로 142 (포남동 82-11)
영업시간. 10:00~16:00
휴무. 매주 일요일
전화. 033-651-5767
주차. 17대 주차 가능
대표메뉴. 불고기밥 10,000원, 꼬막밥 8,000원

20년 사랑받는 곤드레 밥집

산마을

곤드레는 태백산 고지에서 나는 산채다. 맛이 담백하고 향이
독특한데, 단백질, 칼슘, 비타민A 등이 많아 성인병 예방에
좋다고 알려져 있다. 이 곤드레 나물은 태백산 고지에 살던
사람들이 먹을 것이 귀한 터에 옛날부터 구황식물로 많이 먹
어왔다고 한다. 강릉 인근의 정선과 평창 지방의 특산물로,
강원도의 전통음식이기도 하다.

이 곤드레 나물을 산지에서 직접 공수해 향긋한 곤드레 나물
밥을 내온 식당이 있다. 강릉 사람들에게 지난 20년간 사랑받
아온 '산마을' 식당이 그곳이다. 교동 택지 풋살장 인근에 위
치한 이곳은 곤드레 나물밥과 생선구이 쌈밥으로 이름난 곳
이다. 좁은 골목길에 여러 상점들이 줄줄이 늘어서 주차가 쉽
지 않음에도 '산마을'은 항상 붐빈다. 그만큼 믿고 먹을 수 있
는 맛집이기 때문이다.

이곳이 오랫동안 사랑받아 온 데는 여러 가지 이유가 있다.
곤드레 나물밥이 어느 집보다 향긋하고 맛있는 것은 물론이
고, 생선구이에 나오는 고등어, 꽁치, 임연수 등이 알맞게

구워져 바삭하면서도 촉촉하다. 또한, 주인장이 직접 내린 젓갈을 사용해 담근 겉절이 김치는 언제 먹어도 맛깔나다. 쌈 채소로 신선한 야채는 물론 삶은 양배추와 다시마까지 상에 오르니, 취향에 따라 골라 먹을 수 있다.

'넉넉함'과 '정직함'을 경영 철학으로 삼고 있다는 주인장은 밥 인심도 넉넉하다. 출출할 때면 언제든 "밥 좀 많이 주세요." 하고 부담 없이 말할 수 있다. 모든 식재료를 산지에서 직접 가져와 신선하고 맛있는 밥상을 준비하는 주인장의 열정이 계속되는 한 '산마을'의 인기 행진도 식지 않을 것이다.

주소. 가작로 16 (교1동 1823-1)
영업시간. 11:00~21:00 브레이크 타임 15:00~17:00
휴무. 매주 일요일
전화. 033-645-0780
주차. 서부 지구대 옆 공용주차장
대표메뉴. 곤드레 생선쌈밥정식 14,000원

건강을 담은 넉넉한 한상

서당골

'서당골'은 강릉초등학교 인근에 위치해 있다. 2016년 남대천 건너 노암동에서 개업한 후 이곳 홍제동으로 이전했음에도 '서당골'이라는 상호가 마치 옛날 서당 곁에 있었을 법하게 느껴져, 지금 이 자리가 상호와 묘하게 잘 어울린다.

개업한 지 햇수로 5년째이지만 '서당골'은 이미 강릉에서 아는 사람은 다 아는 맛집이었다. 오직 점심 한때, 예약 손님만을 위해 밥상을 차리던 이곳은 그야말로 운이 좋아야 갈 수 있는 밥집이었다. 그런데 홍제동으로 이전하고는 화요일, 금요일에 한해 저녁식사도 가능해졌다.

대표 메뉴인 돌솥정식은 갯방풍 나물을 넣어 지은 돌솥밥이 나오는데, 주인장 셰프가 직접 개발했다고 한다. 흔히 풍을 예방한다고 알려진 방풍나물 중에서도 갯방풍 나물은 바닷가 바위틈이나 언덕에서 자라는데, 매서운 바닷바람을 맞고도 시들지 않고 겨울을 나는 신비한 풀이라고 한다. '서당골'에서는 꼭 돌솥정식을 맛봐야 하는 이유가 여기에 있다.

돌솥정식을 처음 주문한 손님은 여러 번 놀라게 된다. 더덕구이, 황태구이, 가오리찜, 훈제오리 샐러드, 된장찌개, 각종 나물 무침 등 스무 개가 넘는 반찬들이 한상 가득 펼쳐지는 상차림을 보노라면 혹 주문이 잘못 들어간 건 아닌지 먼저 놀라게 되고, 다음으로 저렴한 가격에 놀란다. 마지막으로 음식 맛을 보면 더 놀라는데, 음식의 모든 간이 세지 않아 질리지 않고 많이 먹을 수 있기 때문이다.

따뜻한 밥 한 끼를 정성껏 대접하고 싶지만, 주머니 사정을 걱정해야 하는 이가 있다면 '서당골'로 직진하라. 건강을 생각하며 넉넉하게 잘 차린 한상이 기다리고 있으니 말이다.

단돈 만원으로도 산채정식을 배불리 먹을 수 있는 집

주소. 토성로 82 (홍제동 140-1)
영업시간. 11:00~15:00 (월,수,목,토) 11:00~20:30 (화, 금)
휴무. 매주 일요일
전화. 033-643-5158
주차. 7~8대 가능
대표메뉴. 돌솥정식 14,000원, 서당골 산채정식 10,000원

학창시절 추억이 살포시

옛빙그레김밥

강릉 시내 먹자골목으로 한 귀퉁이, 점심시간이면 어김없이 손님들로 북적이는 작은 김밥집이 있다. 매장이 깔끔하지도 않고, 그렇다고 특별히 주인장의 서비스가 좋은 곳도 아니다. 그렇다면, 정말 맛있고 특별한 김밥 메뉴가 있는 게 아닐까 생각하지만 그것도 아니다. 강릉 사람들은 다 아는 그 비결은 바로, 옛날 추억이 담긴 김밥이기 때문이다.

아무리 먹어도 질리지 않는 게 김밥이지만, 김밥도 사랑받기 위해 다양한 맛으로 변신을 해왔다. 김밥과 돈까스, 새우, 치즈, 멸치 등 다양한 음식이 콜라보레이션을 하며 김밥의 새로운 차원을 보여주고 있다. 그런 이유일까? 여행을 가면 그 지역 김밥을 맛보는 젊은이들이 있을 정도라고. 아무튼 김밥의 이유 있는 변신은 우리를 즐겁게 한다.

그러나, <옛빙그레>는 그와는 반대다. 변하지 않는 맛으로 시간을 이겼다고 할까. 늘 먹어오던 김밥 혹은 지나버린 학창 시절에 먹던 그 맛으로 여전히 사랑받는 김밥집이다. 메뉴도 김밥과 쫄사리 2개뿐이다. 쫄사리는 쫄면사리에 매콤한 양념을 해서 국물도 많지 않게 자작하게 끓인 것인데, 김밥과 함께 먹으면 한층 입맛을 더 살려준다.

쫄사리 국물은 해장용인가요~
이 국물에 김밥을 살짝 찍어먹으면 더 맛있어요.

주소. 임영로116번안길 12 (금학동 85)
영업시간. 10:00~17:00 (재료 소진까지)
휴무. 사장님이 쉬고 싶은 날
전화. 033-643-0622
주차. 없음
대표메뉴. 쫄사리 4,000원, 김밥 2줄 6,000원

진하고 뜨끈한 국물에 빠지다

철뚝소머리국밥

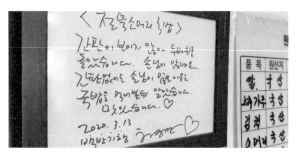

'간판이 보이지 않아 두 바퀴를 돌았습니다. 손님이 많네요.
간판 없어도 손님이 많은 이유는 국밥을 먹어본 뒤 알았습니다.
맛있습니다.♡'

주문진읍 철뚝길로 가면 액자 속에 예쁘게 간직한 이 글귀를
만날 수 있다. 철뚝길에서 23년 넘게 한우 소머리국밥을 손님
들에게 내는 '철뚝소머리국밥'이 그곳이다. 검정색 펜으로 특
유의 활달한 필체가 돋보이는 이 글을 쓴 사람은 바로 허영만
화백이다. 전국 각지의 맛있는 밥집을 찾아다니며 쓴 베스트
셀러 <백반기행>의 저자이기도 한 그가 이곳을 방문해 남긴
글이었으니, 주인장에게는 값진 보물과도 같은 것일 게 틀림
없다.

사실 이곳은 허영만 화백이 다녀가기 훨씬 전에 이미 방송을 통해 맛집으로 알려진 곳이다. 특유의 누린내가 전혀 나지 않고 깔끔하면서도 진하고 구수한 국물맛이 일품인 소머리국밥 집으로 말이다. 맛의 비법은 사골뼈와 잡뼈를 넣고 4시간 이상 푹 고아서 만든 국물이다. 오랜 시간 정성을 들인 만큼 기름기 없는 뽀얀 국물이 만들어진다. 고기 누린내를 잡기 위해서는 생마늘을 쓰는데, 냄새도 잡고 감칠맛도 더해주는 비법으로 방송에서도 소개가 되었다.

진한 국물에 부드러운 고기도 듬뿍 들어있어 국밥을 좋아하는 사람들에게는 푸짐한 한 끼 식사로 손색이 없다. 주인장 할머니의 음식 솜씨가 좋아 밑반찬도 하나같이 맛있는데, 특히 배추 겉절이나 깍두기를 국밥에 얹어 먹는 맛은 다른 것보다 으뜸이다. 다른 곳과 달리 새벽부터 일찍 문을 활짝 열고 손님을 맞기 때문에 이른 아침 식사를 원하는 사람들은 꼭 기억해 두어야 할 곳이다.

허영만 식객도 인정한 철뚝소머리 국밥!
매일 준비한 분량의 소머리가 소진되면 판매가 종료됩니다.

주소. 주문진읍 철둑길 42 (주문진읍 주문리 326-2)
영업시간. 06:30~18:00
휴무. 매월 둘째, 넷째 목요일
전화. 033-662-3747
주차. 없음
대표메뉴. 소머리국밥 9,000원, 소머리수육 23,000원

건강한 효소로 차린 밥상

카페 선

자연 속에서 자연스럽게 사는 삶의 방식을 꿈꾸고 실천하는 부부가 있다. 라경연, 윤효심 씨가 바로 그 주인공이다. 이들은 텃밭에서 직접 심고 가꾼 신선한 식재료를 이용해 갖가지 효소를 담근다. 이 효소는 이들이 만드는 요리의 양념이 돼 건강한 맛을 내는 비법이 되기도 하고, 마음을 맑게 하는 차가 되기도 한다. '카페 선'은 이 효소를 빼놓고는 설명할 수 없는 웰빙 한정식 맛집 그리고 찻집이다.

강릉 구정면사무소를 지나 50m 지점에서 우회전 하면 소나무 숲 언덕 위에 <카페 선>이 바로 보인다. 옛 팔각정 모양의 특이한 건물 구조가 금세 눈에 띄기 때문. 건물에 들어서면 먼저, 수십 개의 효소 항아리들이 손님을 반긴다. 2010년 12월 <카페 선>이 국내 최초 효소차 전문 카페로 문을 열 때부터 지금까지 주인장 부부의 정성과 시간이 항아리 안에 가득 녹아 있다.

'카페 선'에서 맛볼 수 있는 효소 한정식은 모두 다섯 가지로 13,000원부터 26,000원까지 구이, 전골 등 다양하다. 돼지불고기, 연어구이 같은 단품 요리도 주문이 가능하고, 효소차, 꽃차, 허브차 같은 건강차도 마실 수 있다. 솔정식인 떡갈비 정식은 그중 가장 사랑받는 대표 메뉴이다.

여느 한정식 집처럼 밑반찬이 많은 편은 아니지만, 더할 것도 뺄 것도 없는 깔끔하고 담백한 자연 밥상을 원한다면 바로 '이 집이야!' 하고 소리칠 것이다. 게다가 번잡한 곳을 떠나 조용한 시골 정취를 느끼며 건강한 밥 한 끼를 느릿느릿 먹고 싶다면 바로 '카페 선'으로 가자. 디저트로 나오는 효소차를 마시며 주변 풍광까지 여유롭게 감상하다 보면, 그때쯤에는 내가 방금 비운 밥 한 그릇이 그저 단순한 한 끼가 아니라는 걸 깨닫게 될지도 모른다. '카페 선'의 '선'은 '착할 선(善)'이기도 하고, 태양을 뜻하는 영문 '선(sun)'이기도 하며, 참선을 뜻하는 '선(禪)'이기도 하니 말이다. 주인장 부부의 음식 철학이 밥 한 그릇에 오롯이 담겨 있다.

산속에 숨어 있는 카페선, 조심 조심 찾아가세요!
주인장 부부가 직접 키워 수확한 유기농 제철 야채와
효소 쌈장도 인기가 좋습니다.

주소. 구정면 구정중앙로 207-89 (구정면 여찬리 620-6)
영업시간. 10:00~20:30 (11:30부터 식사 가능)
　　　　　　브레이크 타임 15:00~17:00
휴무. 매주 화요일
전화. 033-644-5874
주차. 여유있음
대표메뉴. 떡갈비 정식 16,000원
블로그. https://blog.naver.com/ra1231

큰기와집

정동진 해변에서 1km 북쪽에는 기암절벽이 많고 울창한 소나무숲이 있는 등명해변이 있다. 여름이면 해수욕을 하러 온 사람들도 많고, 수심이 깊은 편이라 바다낚시를 즐기려 오는 사람들도 많다. 이 등명해변으로 들어가는 입구에는 제법 커다란 한옥이 있다. 누구나 쉽게 찾을 수 있을 정도로 금세 눈에 띈다. 또 앞에는 넓은 주차장도 있고, 정동진역에서도 3분 거리로 접근성이 뛰어나다. 이곳이 바로 이름 그대로 '큰기와집'이다.

'큰기와집'은 이미 수년 전에 맛집 방송에 소개된 곳이다. 해물이 가득 들어간 전복순두부전골과 전복수제비가 워낙 맛있기로 소문났기 때문이다. 신선한 전복 한 마리가 통째 들어간 것은 물론 새우, 조개, 홍합, 오징어 등이 푸짐하게 들어가 있어 시원한 바다의 맛을 제대로 즐길 수 있다. 또, 천연조미료를 사용해 자연의 맛을 더 살렸다.

7~8가지의 기본 반찬도 깔끔하고 간이 세지 않아 전골을 먹기 전 맨입에 먹어도 부담이 없다. 정식을 주문할 경우 기본 반찬 외에도 매콤하고 빨간 양념에 참깨와 파를 송송 올린 코다리찜과 부드러운 메밀전병이 나온다. 사이드메뉴인 해물파전도 유명한데, 역시 신선한 해물을 아낌없이 넣어 두툼하게 지져내 바삭하면서도 촉촉한 맛이 일품이다.

식당 뒤편으로는 괘방산 등산코스가 펼쳐지고, 인근에 하슬라아트뮤지엄, 통일공원 등이 있어 식사 후에 들러보는 것도 좋다.

주소. 강동면 정동등명길 3 (강동면 정동진리 449)
영업시간. 평일 07:00~20:00
　　　　　　　주말, 공휴일 07:00~20:30
휴무. 없음
전화. 033-644-5655
주차. 여유있음
대표메뉴. 전복순두부전골(정식) 15,000원,
전복수제비 12,000원

Chap. 2

동해 바다의 푸른 싱싱함 가득

해산물 요리

맛도 가격도 직접 잡았다!

남애수산횟집

강릉에 놀러온 사람들에게 단연 최고의 즐거움은 푸른 동해 바다를 바라보며 싱싱한 회 한 점 먹는 게 아닐까? 멋진 바다를 감상하며 좋은 사람들과 함께 하는 즐거운 식사, 돈이 아까울 리 없다. 그러나 잘 먹고도 카드 명세표에 찍힌 금액에 괜스레 얼굴이 붉어진다면? 얘기는 달라진다. 저렴한 값에도 여느 곳 못지않은 싱싱한 동해의 한상차림을 내오는 곳이다.

"친정이 배를 가지고 있어요. 아빠가 선주이신 거죠. 다른 집보다 가격이 저렴한 것도 다 이 때문이죠."

교동 택지 풋살장 부근에 위치한 '남애수산횟집'여주인장이 말하는 영업 비결이다. 중간 유통 단계가 생략됐으니, 가격 경쟁력은 절로 확보한 셈. 게다가 횟집의 생명력인 '신선도'는 더 이상 말해 뭐하랴. 주차가 힘든 주택가에 위치해 있음에도 예약 없이 방문하기 힘든 맛집이 된 데에는 다 이유가 있다.

사실, '남애수산횟집'은 싱싱한 회 외에 기본 상차림에 나오는 음식들이 다 맛있다. 새콤달콤 샐러드, 바삭한 고구마튀김, 열기 튀김, 짭조름한 미역국, 해물전, 초밥, 문어숙회, 고소한 전복죽, 시원한 물회 등등. 마지막에 칼칼한 매운탕까지 순삭하려면, 양을 조절해가며 먹어야 할 정도로 푸짐하고 맛있다. 강릉에 개업하기 전 동해에 먼저 '남애수산' 매장을 열었는데, 처음부터 가게가 잘 되었다더니 여주인장의 손맛이 처음부터 남달랐던 듯하다.

이제 개업한 지 8~9년이 지났다. 항상 감사한 마음으로 최선을 다한다는 주인장 부부의 모습에서 밝은 긍정의 기운을 덤으로 받는다.

처음부터 많이 먹지 마세요.
매운탕까지 갈 길이 멀답니다.
특히, 물회가 맛있기로 이름난 곳입니다.

 주소. 하슬라로 232번길 14-6 (교동 1813-9)
영업시간. 평일17:00~22:00 토요일 16:00~22:00
휴무. 매주 일요일
전화. 033-642-8801
주차. 없음
대표메뉴. 모둠회 스페셜 80,000원, 스페셜A+ 100,000원

시원한 국물이 생각날 때

늘푸른집

안인진 해변 부근에는 이곳 주민들의 사랑을 듬뿍 받고 있는 '따끈한' 식당이 있다. 점심시간에도 발 디딜 틈이 없을 뿐 아니라, 전날 과음을 했거나 숙취로 고생하고 있는 사람이라면 특히 이곳의 '따끈한 국물'로 해장하길 원한다. 이 집은 바로, 탕과 찌개를 전문으로 하는 '늘푸른집'이다.

대구탕, 생태찌개, 도루묵찌개, 곤지탕 등이 주요 메뉴인 이곳은 강릉 사람이라면 한두 번쯤은 들러봤을 정도로 이미 유명한 곳이다. 해변에서 조금 더 떨어진 곳에서 첫 영업을 시작했고, 지금은 안인진 해변에 더 가까운 곳으로 이전해 주인장이 혼자 가게를 꾸려가고 있다. 주인장의 손맛이 그리워 오랜만에 찾아가도 여전한 그 손맛으로 반갑게 맞아주는 곳이다.

신선하고 좋은 해산물을 사용하고, 쌀, 고춧가루, 김치 등이 모두 국내산이다. 기본 반찬도 더함도 덜함도 없이 맛깔나다. 탕이나 찌개는 간이 짜거나 맵지 않다. 기호에 따라 간을 더해도 좋지만, 자극적이지 않고 시원한 맛이 재료가 가진 본래의 맛을 정직하게 느끼게 해줘서 좋게 느껴진다. 따끈한 국물을 속이 확 풀리도록 시원하게 먹고 싶다면 안인진리를 기억해두자.

곤지탕, 알탕이 이렇게 맛날 수 있나요?

주소. 강동면 안인일출길 24 (강동면 안인진리 95-5)
영업시간. 10:00~14:00 (아침, 저녁은 전날 예약 가능)
휴무. 없음
전화. 033-643-2550
주차. 3대 정도 가능
대표메뉴. 곤지탕 10,000원, 알탕 15,000원

대은(大恩)횟집

생선회의 생명은 신선도다. 횟집 수족관에서 펄떡이는 것을 골라 그 자리에서 바로 회를 쳐서 먹는 이유도 바로 신선도 때문이다. 그런데, 일본인들은 이렇게 갓 잡은 활어회보다 선어회를 즐긴다고 한다. 사후 경직이 와서 쫄깃해진 것보다는 숙성을 거쳐 부드러워진 살점을 선호하기 때문이다. 그런데, 포남동 먹거리촌에 이 감칠맛 나는 선어회를 내는 횟집이 있다. 큰 은혜라는 뜻의 대은횟집이 바로 여기다.

일단 들어가서 자리를 잡으면 생강, 락교, 마늘, 고추, 쌈장, 할라피뇨, 날치알, 조미김이 쌈채소, 샐러드채소와 함께 차려진다. 대부분 A나 B코스로 주문을 하는데, 꼬마전복찜을 맛보고 싶다면 A코스를 선택해야 한다. 나머지 음식은 모두 같다.

먼저, 전복회와 미역국이 나오는데, 전복회는 인당 1개씩 따로 먹을 수 있도록 나온다. 다음으로 낙지탕탕이, 가리비찜, 전복찜이 줄지어 나온 후에야 메인 회가 나온다. 숙성을 거치면 생선이 가지고 있는 단백질이 아미노산으로 변하면서 감칠맛과 단맛이 생겨난다고 하는데, 그래서인지 탱글탱글한 활어회보다 부드럽게 잘 넘어간다. 음식이 모두 옥돌접시 위에 준비되어 나오는데, 은은한 초록색점이 막힌 이 접시는 '대은 횟집'의 트레이드 마크가 되었다.

회를 즐기고 나면 고로케와 새우튀김이 나오는데, 특히 고로 케가 맛있어서 '고로케 맛집'으로 불리기도 한다. 회도 회지 만 튀김까지 맛있다고 소문날 정도니 이젠 외지 관광객들마 저 포남동 먹거리촌을 찾는다고. 튀김을 먹고 나면 마지막 순 서인 매운탕이 기다린다. 심심한 매운탕이지만 약한 불에 끓 일수록 진한 맛이 우러난다. 배 두드리면서 먹을 정도의 푸짐 한 코스가 이렇게 끝난다.

저렴한 가격에 푸짐한 선어회를 맛보려면 사전 예약이 필수다.

주소. 경강로2255번길 7 (포남동 1147)
영업시간. 17:00~21:30
휴무. 매주 일요일
전화. 033-642-0234
주차. 없음
대표메뉴. A코스 12만원, B코스 10만원

동해에서 만난 제주의 맛

제주해인물회

사천진항 부근 해변에 위치한 '제주해인물회'를 찾아가면 재미있는 입간판이 눈에 띤다. 해초와 꽃을 배경으로 검은 해녀복 차림을 한 사람이 그려진 간판 말이다. 거기엔 이렇게 쓰여 있다.

'니 그거 아나? 제주해인물회 멍게비빔밥'

잘 모르는 사람이 봐도 이 집 대표 메뉴가 멍게전복비빔밥임을 한눈에 알아챌 수 있다. 해녀복을 입은 이는 주인장 구춘희 씨다. 그는 제주도에서 해녀로 일하다가 이곳 강릉까지와 물질을 했다고 한다. 40여 년의 세월을 멍게비빔밥 하나에 바친 해녀였던 구춘희 씨. 그는 2008년부터 지금까지 아들, 며느리와 함께 식당을 운영하고 있다.

<제주해인물회>는 전망이 아주 좋다고 할 수는 없어도, 앉은 자리에 따라 홀 안에서도 바다를 볼 수 있다. 주문이 들어가면 젓갈과 김치 등 4가지 밑반찬이 나오고, 북어미역국이 나온다. 이 고소한 미역국은 손님들에게 특히 인기 만점이다. 밑반찬과 소면은 언제든 셀프 리필 할 수 있도록 홀 한쪽에 마련해 두었다. 주문하면 음식도 빠르게 나온다.

멍게전복비빔밥과 성게전복비빔밥, 그리고 모둠물회 등이 인기 메뉴다. 특히, 주인장의 인생이 담긴 멍게전복비빔밥에 들어가는 멍게는 특별한 손질을 거쳐 숙성시킨 멍게를 사용해 전혀 비린 맛이 느껴지지 않는다. 멍게를 좋아하지 않는 사람도 먹기에 부담이 없다. 성게전복비빔밥을 맛보려면 5월 이후 여름철에만 가능하니 이 점 유의하자. 모둠물회는 싱싱한 광어, 멍게, 전복, 오징어회가 나오는데, 새콤달콤 시원한 국물에 후르륵 비벼 먹는 맛이 일품이다. 물회에 공기밥은 기본으로 나온다.

생활의 달인 구춘희!
멍게, 성게, 전복비빔밥에 도전해 보세요.

 주소. 사천면 진리해변길 68-9 (사천면 사천진리 2-94)
영업시간. 09:30~18:00
휴무. 매주 월요일 / 성수기 휴무 없음
전화. 033-644-0156
주차. 주변 주차 가능
대표메뉴. 멍게전복비빔밥 15,000원 모둠물회 25,000원, 성게전복비빔밥 25,000원
인스타. jeju_hein

정동진 범선 횟집
어국(魚國)

강릉의 랜드마크 중 하나는 바로 정동진 썬크루즈 호텔이다. 사실, 그 거대한 유람선 모양을 한 호텔이 눈앞에 떡하니 나타났을 때 동네 사람들은 눈을 의심했다. 배가 바닷가가 아니라 저 높은 산 위에 올라앉다니.... 익숙했던 우리 동네가 갑자기 초현실주의 작가의 그림처럼 낯설게 느껴졌던 기억이 지금도 선하다. 그러나 이제는 국가대표 일출 명소가 된 지 오래다.

그런데, 호텔에서 엘리베이터를 타고 내려와 제방을 따라 걸어가다 보면 이번에는 범선이 한 척 보인다. 그 범선 2층이 정동진 활어횟집 '어국'이다. 썬크루즈 호텔 투숙객이라면 방앗간처럼 들르는 곳인데, 호텔 직영이라 썬크루즈와 비치크루즈 호텔 투숙객에게는 할인 서비스를 제공하기 때문이다.

물고기나라, '어국'에서 창가 테이블에 자리를 잡았다면, 그 날만큼은 음식 맛을 제대로 보는 것을 포기해야 할지 모른다. 창 너머로 넘실대는 푸른 바다가 온통 보는 이의 마음을 빼앗기 때문이다. 손에 잡힐 듯한 바다를 바라보며 무얼 먹어도 맛있겠다 싶지만, 일몰 뒤엔 바다 뷰를 감상할 수 없으니 이 점 유의하자.

어국의 대표 메뉴는 국내산 모둠회와 러시아산 대게 세트다. 모둠회에는 3가지 어종이 나오는데, 두툼하게 썰어 식감을 느끼기에 좋다. 모둠회와 대게 1마리 2인 메뉴를 할인하여 저렴한 가격에 맛볼 수 있다. 또, 다양한 종류의 와인도 구비해 놓고 있어 더 없이 좋다.

바다 위에 떠 있는 어국횟집,
정동진을 찾는 분이라면 꼭 경험해 보세요.

주소. 강동면 정동진리 50-153
영업시간. 11:00~22:00
휴무. 없음
전화. 033-610-7059
주차. 전용 주차장 있음
대표메뉴. 모둠회 대게 세트

옥경식당

"내 이름이 옥경이냐고? 천만의 말씀. 내가 이 식당을 인수할 당시에 전 주인이 옥경식당이라고 이름을 붙인 걸 바꾸지 않고 그대로 쓴 거야. 전 주인은 가수 태진아 씨 노래 '옥경이'를 좋아해서 옥경식당이라고 이름을 지었대. 근데 우리 아저씨도 '옥경이' 노래를 좋아하니 그만하면 됐지."

'옥경식당'의 작명 스토리다. 해물잡탕을 전문으로 하는 곳과는 조금 거리가 있는 이야기지만, 전 주인으로부터 현재 주인장에 이르기까지 음악적 취향이 묻어있는 식당 이름에 절로 웃음이 난다. 식당 문을 열고 들어서면 혹시 가수 태진아 씨의 목소리가 들리지 않을까 하는 상상을 하게 하는 집이다.

해물잡탕 전문 식당으로 해물찜, 해물탕, 명태찜 등을 싸고 푸짐하게 내 사랑받는 이곳은 오래된 강릉 맛집이다. 주인장 혼자서 주방과 홀을 책임지고 있음에도 손이 빨라 금세 뚝딱 주문한 요리가 나온다. 기본으로 나오는 찬은 그때그때 다르지만 나물, 김치, 가자미식혜, 계란찜 등으로 깔끔하고 맛있다.

국물 맛이 칼칼하면서도 많이 맵지 않은 해물탕, 콩나물의 아삭함이 살아있는 매콤한 해물찜 모두 사랑받는 메뉴. 주꾸미, 소라, 꽃게 등의 해물은 물론 명란, 고니도 푸짐하게 들어있어 시원한 맛을 느낄 수 있다. 자극적이게 맵고 짜지 않아 먹기에 딱 좋다.

착하고 푸짐한 양에도 불구하고, 남은 양념에 밥을 볶아 먹는 맛을 포기할 수 없다면 당신은 진정한 먹기 고수! 강릉 옥천 오거리 현대자동차 윗 골목을 걸으며 '고개 숙인 옥경이'를 시원하게 부르며 '옥경식당'으로 가자.

메뉴판 금액 보고 놀라고, 맛에 두 번 놀라는
현지인이 찾는 옥경식당.
주차는 꼭 사장님과 상의하세요.

주소. 경강로 2137(옥천동 162)
영업시간. 11:00~21:00
휴무. 매주 일요일
전화. 033-647-1733
주차. 있음
대표메뉴. 해물탕(소)20,000원, 해물찜(소)20,000원,
명태찜(소)18,000원

대철이네 매운탕

주문진에서 소돌 해변 아들바위가 있는 쪽으로 해안도로를 따라가다 보면 소돌항 맞은 편 쪽으로 식당이 몇 개 쭈욱 늘어서 있다. '대철이네'는 그 중 한 곳이다. '대철이'는 필시 주인장 할머니의 아들 이름이 틀림없으리라 짐작해 본다. 따로 간판이 있는 것이 아니라 자세히 살펴보아야 한다. 왜냐하면 여기가 강릉의 별미인 '망치매운탕' 전문 식당이기 때문이다.

'망치'의 본래 이름은 '고무꺽정이'인데, 심해에 사는 물고기로 일본과 우리나라에서 잡힌다. 아귀처럼 못생긴 망치는 모두 자연산으로 고추장과 고춧가루를 풀어 각종 야채를 넣고 얼큰하게 매운탕을 끓이면 구수하고 담백하다. 국물이 시원하고 비린내가 나지 않으며 쫄깃한 살도 맛있다. '대철이네' 메뉴는 오직 이 망치매운탕 하나다. 매운탕에 들어가는 고추장, 고춧가루, 상차림에 오르는 김치, 쌀 등 모든 식재료가 국내산으로 찐 로컬 푸드다.

망치매운탕을 주문하면 먼저 김치가 한두 종류 나오고 매운탕이 나온다. 김치는 계절마다 조금씩 다르고 매운탕 위에 올라가는 야채도 깻잎이나 쑥갓 두 종류로 그때그때 다르다.

망치는 매운탕에 넣기 전에 끓는 물에 한번 풍덩 담갔다가 조리하기 때문에 탱탱한 살점을 쫄깃하게 먹을 수 있다. 단골 손님들에게 매운탕 못지않게 사랑받는 음식이 압력솥에서 갓 지은 밥이다. 식사를 다하고 나면 밥을 지은 밥솥에 그대로 누룽지를 끓여 솥째 안겨주기도 한다. 구수한 누룽지로 마지막 입가심을 하고 나야 비로소 '대철이네' 매운탕의 진수를 맛본 느낌이다.

'대철이네'는 방문 전에 무조건 예약을 해야 한다. 배가 나가야 영업을 하므로, 그냥 가면 곤란하다. 소돌항 자연산 활어 직판매장에서 생선을 사서 이곳에서 회를 떠 먹을 수 있기 때문에 회를 먹으러 왔다가 매운탕을 주문하는 손님도 많다. 전화로 예약하면서 인원수만 알려주면 된다. 메뉴판도 없고, 가격 흥정도 없이 주인장이 알아서 내준다.

단체 손님은 못 받으니, 끼리끼리 나눠서 가세요.

주소. 주문진읍 해안로 1957 (주문리 1584-1)
영업시간. 매일 10:00~19:00
휴무. 개인 사정 시(보통은 한 달에 한 번 정도) 휴무
전화. 010-8792-6534
주차. 여유 있음
대표메뉴. 망치매운탕(소) 20,000원 (중) 25,000원 (대) 30,000원

자연산 회로 즐기는 동해의 참맛

주문진포구

주문진 바닷가 어디쯤에서 만날 법한 가게 이름이다. 그러나
이 횟집은 강릉 시내 그것도 교동 주택가 한가운데 있다. 동
네 사람들만 드나들 것처럼 평범하지만 이는 천만의 말씀. 현
지인의 추천을 알음알음 전해 받은 외지인들의 발걸음이 조
금씩 잦아지고 있는 곳이다.

이 집의 주인장은 눈치챘겠지만 주문진 출신이다. 바닷가에
서 나고 자란 것은 물론 원양어선을 타고 먼 바다에 나가 고
기잡이 하며 세월을 낚기도 했다. 바다, 배 그리고 생선을 빼
놓고는 주인장 인생을 논할 수가 없다. 그 종착지일까? 바다
와 평생을 함께 하던 주인장은 2010년 '주문진포구'를 열었
다. 그것도 시내 주택가 한가운데.

"우리집 모든 생선회는 자연산이에요. 당일 아침 주문진항에서 공수해 옵니다. 자연산 잡어회의 참맛을 아는 분들은 꼭 다시 찾아오세요."

참가자미 세꼬시, 잡어 모둠회 등 생선회 맛이야 두말 하면 잔소리고, '주문진포구'는 매운탕도 맛있다. 신선한 생선에 야채가 듬뿍 들어있어 국물 맛이 진하고도 시원한 것은 물론이고 양도 푸짐하다. 도치, 양미리, 문어, 소라, 망치 등 철 따라 달라지는 알짜배기 동해의 참맛을 제대로 느끼고 싶다면 '주문진포구'에 가보자.

바다가 아닌 곳에 위치한 주문진포구,
사장님의 회 솜씨를 경험해 보세요.
방문전 주인장과 메뉴를 정하면 좋아요.

주소. 율곡초교길39번길 6 (교동 1865-4)
영업시간. 11:00~13:00, 16:30~22:00
휴무. 없음
전화. 033-643-3533
주차. 전용주차장 있음
대표메뉴. 모둠회+매운탕 스페셜 A세트 110,000원

자연산 막회가 펄떡이는 동네횟집

주문진항#20

"어서 오세요!"

손님을 맞이하는 목소리에 친절함이 묻어난다. 주인장 김상학 씨 부부다. 개업한 지 3~4년밖에 안된 포남동 동네횟집. 단골손님들은 음식의 맛뿐 아니라 이 부부의 미소 가득한 얼굴을 좋아한다.

"부모님이 주문진 수협이 지정한 20호 중매인이세요. 배에서 잡은 생선을 직접 입찰해 도매하는 부모님이 계시기 때문에 싱싱한 활어를 그날그날 상에 올릴 수 있어요. 당일 잡아 배에서 내린 싱싱한 자연산만 취급하기 때문에 날마다 횟감이 달라요."

식당 이름 '주문진항#20'에 대한 의문이 풀리는 순간이다. 이들 부부는 주문진항 20호 중매인의 딸과 사위가 되겠다. 갓 잡은 동해의 맛을 저렴한 가격에 선보일 수 있는 이유이기도 하다.

이곳을 방문하는 사람들은 대부분 자연산 막회를 주문한다. 2인 분량의 소(小)에는 주로 3종류의 회가, 4~5인이 먹기에 적당한 대(大)는 4~5 종류의 회가 오른다. 놀래미, 광어, 우럭, 아나고, 방어, 참가자미, 돌삼치, 오징어, 바다장어 등 그날 잡은 자연산 횟감을 주인장이 알아서 내오는데, 운이 좋은 날에는 값비싼 복어회도 맛볼 수 있다.

기본 상차림은 간소하다. 간이 잘 배인 생선조림과 바삭한 양파와 고구마튀김, 국물이 진한 미역국만으로 단출하다. 화려한 스끼다시를 좋아하는 사람은 실망할지도 모른다. 그러나 오로지 회 맛에 빠진 덕후라면 꼭 다시 오고 싶을 것이다. 두툼하게 썰어 푸짐하게 먹을 수 있는 싱싱한 회가 있고, 쑥갓과 콩나물, 무를 넣어 시원하면서도 칼칼한 매운탕 맛을 잊지 못할 테니 말이다.

싸지만 맛있고 알차게 자연산 회를 즐기고 싶다면 포남동으로 가자. 문턱 낮은 그곳이 우리를 기다리고 있다. 아차, 즉흥적으로 무작정 찾아가는 낭만은 사절. 철저한 계획에 따라 재빨리 예약한 자만이 싱싱한 회를 영접할 수 있을 것이다.

배가 못 뜨면 다음날 영업은 쉽니다.
예약은 필수이니 꼭 전화하고 가세요.

주소. 하평길 68 (포남동 1194)
영업시간. 매일 15:00~23:00 (주문은 21:00까지)
휴무. 매주 일요일
전화. 033-651-1144
주차. 없음
대표메뉴. 자연산 막회 (소)40,000원, (대) 55,000원,
매운탕 8,000원

푸짐한 양, 뜨끈한 국물

생선매운탕 전문점 **탕!**

탕은 고깃국에 생선이나 채소를 넣어 조리한 음식을 말한다. 탕(湯)이라는 명칭이 처음 등장한 책은 율곡 이이 선생이 쓴 <제의초>라고 한다. 율곡은 탕을 제사에 쓰는 찬으로 제시했는데, 지금은 국물 요리를 좋아하는 사람이라면 누구나 즐기는 음식이 되었다.

'탕!'은 지난 10여 년 동안 생선 매운탕만을 전문으로 해왔다. 강릉역에서 멀지 않은 포남동에 위치하고 있다. 이곳 주인장은 임철혁 씨 부부인데, 부인은 주방에서 직접 요리를 하고, 남편은 홀 서빙을 책임지며 함께 운영하고 있다. 주인장 부부는 탕 요리 맛의 비결인 시원하고 칼칼한 국물 맛을 내기 위해 매일 신선한 생선을 구매해 조리한다. 대표 메뉴인 우럭매운탕과 꽃게탕 외에도 싱싱한 생선을 구매할 경우 '오늘의 특선메뉴'로 올린다.

식당에 들어가 주문을 하면 기본 상차림을 내오는데, 그중 미역국과 누룽지는 이곳만의 시그니처 음식이라 할 수 있다. 우럭 미역국은 국물 맛이 진하고 고소하다. 처음 식당을 방문한 사람은 웬 누룽지가 상 위에 오르나 싶은데, 매일 갓 튀겨 나오는 누룽지는 설탕이 뿌려져 달콤하면서도 고소하다. 이 외에도 도토리묵과 제육볶음, 갓 구워낸 꽁치구이가 입맛을 돋운다. 메인 요리인 탕은 양이 정말 푸짐하다. 가장 작은 크기의 소자(字)를 주문해도 둘이 실컷 먹고도 남을 정도다.

"현장에서 일하는 단골손님들이 많이 찾아요. 그래서 양이 좀 푸짐한 편이죠. 뭐든 부족하시면 말씀해 주시고, 맛있게 드세요."

홀을 담당하는 임철혁 주인장의 친절한 서비스가 매운탕 양만큼이나 푸근하다. 더운 여름이면 땀을 뻘뻘 흘리면서도 "시원하다" 연발하며 먹고, 소슬한 찬바람이 불어오면 절로 뜨끈한 국물이 생각나 찾게 되는 '탕'! 10여 년 한결 같은 맛을 위해 탕을 끓이는 '탕'이라면 언제가도 좋으리라.

탕을 주문했는데 밑반찬이 이렇게 많이 나와도 되는 건가요?
노부부의 정성스런 서비스를 경험해 보세요.
음식도 맛도 친절도 모두 만족하실 겁니다.

 주소. 하평길 8 (포남동 1174-13)
영업시간. 11:00~23:00
휴무. 연중무휴
전화. 033-651-5911
주차. 2대 이상 가능
대표메뉴. 우럭매운탕(소) 20,000원, 삼숙이탕(소) 17,000원,
육수 추가 5,000원

Chap. 3

오랜 우정처럼 슴슴하고도 한결같은

두부·감자 요리

고향산천 초당순두부

강릉 초당마을에는 초당두부를 파는 식당들이 많다. 식당들마다 비슷한 메뉴를 팔고 있지만, 가는 곳마다 평균 이상의 맛을 내는 집이 대부분이다. 각자 나름의 비법으로 오랫동안 두부를 만들어온 집들이기 때문이다.

그중에서도 '고향산천 초당순두부'는 조금은 특별하다. 왜냐하면 초당마을에서 유일하게 장작불을 때서 두부를 만드는 전통 방식을 고수하고 있기 때문이다. 100% 국산콩을 원료로 주인장이 매일 장작불로 직접 만든 두부만 사용하는 이곳은 그래서 한번쯤 꼭 가볼 만하다.

경포 호수 쪽에서 허난설헌 생가로 가는 길가에 자리 잡고 있는 이곳은 실내는 물론 야외에도 테이블을 놓아 식사가 가능하다. 추운 겨울을 제외하고는 탁 트인 야외 테이블에서 보글보글 끓는 순두부전골을 먹는 맛도 일품이다. 담백한 초당순두부, 얼큰한 순두부전골, 모두부 등을 파는데, 이것저것 다 맛보고 싶다면 두부밥상을 주문하면 된다. 두부밥상에는 모든 메뉴가 조금씩 다 오르기 때문이다.

기본 상차림에는 김치, 제철 나물, 꽁치조림 등과 함께 뚝배기에 담긴 담백한 비지찌개도 나온다. 밑반찬을 추가하고 싶을 때는 셀프로 가져다 먹어야 하는데, 비지찌개는 단연 인기 품목이다. 식사 후에도 고소하고 담백한 비지찌개의 맛을 잊을 수 없다면 식당에서 무료 서비스로 제공하는 콩비지를 챙기는 것도 잊지 말자.

고집스럽게 주인장이 직접 만드는 순두부. 맛도 맛이지만
식당이 이렇게 깨끗할 수 있나요?

주소. 난설헌로219번길 34(초당동 433-1)
영업시간. 08:00~21:00, 마지막 주문 20:20
　　　　　　브레이크 타임 15:00~16:00
휴무. 매주 수요일
전화. 033-653-2446
주차. 여유 있음
대표메뉴. 초당순두부 9,000원, 순두부전골 10,000원,
두부밥상 12,000원

그 옛날 초당순두부

아직은 어둑어둑한 새벽, 동해의 깨끗한 심층수를 뜨며 아침을 여는 사람이 있다. 불려놓은 콩을 갈고 콩물을 끓이고 직접 떠온 심층수로 간수를 치며 초두부를 만든다. 초두부 물을 빼고 나면 반듯반듯한 모두부가 완성된다. 밤새 어둠 속에서 몸을 뒤척이던 동해 바다가 미처 깨어나기도 전 직접 심층수를 뜨며 하루를 시작한 지 어언 40년. '그 옛날 초당순두부'의 이른 새벽 풍경은 대를 이어 오고 있다.

"우리는 농협에서 인증한 순수 국산콩으로 두부를 만듭니다. 정선군 여량면 마을에서 생산되는 콩이죠. 새벽에 심층수 바닷물로 직접 만드는 것이 자랑인데, 그날 만든 건 그날 다 팔아요. 더 팔고 싶어도 두부가 없으면 영업 종료예요. 가장 신선하고 맛있는 두부를 손님상에 올린다는 자부심으로 오늘까지 왔어요."

매일 이른 아침 동해의 기운을 받아서일까? 식당 자랑을 하는 주인장 이영순 씨의 얼굴도 환하고 맑다. 매일 새벽 2~3시부터 두부를 만들고 완성된 따끈따끈한 두부는 아침 6시면 첫 손님상에 올라간다. 초당 마을 모습이 달라지고, 사람들이 바뀌어도 '그 옛날 초당순두부'가 만드는 새벽 두부 맛은 근 40년간 이렇듯 한결 같다. 고집스럽게 같은 방식으로 두부를 만들기 때문이다.

순두부백반, 순두부전골, 모두부를 손님상에 내는데, 청국장도 주문이 가능하다. 기본 상차림에는 시골 할머니 반찬 같은 밑반찬이 5~6가지 오르고, 비지찌개와 강원도 막장으로 무와 고추를 넣어 바글바글 끓인 장도 나온다.

주소. 초당순두부길 57 (초당동 299-15)
영업시간. 06:00~19:30
휴무. 연중 무휴
전화. 033-653-1547
주차. 노상주차 가능
대표메뉴. 순두부전골 10,000원, 순두부백반 8,000원,
청국장 9.000원

연지식당

강릉의 가장 큰 재래시장은 중앙시장이다. 강릉의 도심 한복판에 위치해 있어 유동 인구도 가장 많다. 그러나 강릉에는 중앙시장 외에도 2개의 재래시장이 더 있다. 동부시장과 서부시장이 그것인데, 중앙시장을 중심으로 각각 동쪽과 서쪽에 있다. 서부시장은 예전에는 용강동 시장이라고도 불렸다. 지금은 없어진 옛 행정구역 상 용강동에 있었기 때문이다.

서부시장은 강릉대도호부관아, 명주동과 함께 강릉시에서 2016년부터 매년 꾸려온 '강릉문화재야행'의 주 무대이기도 하다. '강릉문화재야행'을 즐기러 강릉에 와 본 경험이 있는 사람들이라면 서부시장이 낯설지 않을 것이다. 연지식당은 바로 그 서부시장 내의 2호점이다.

김치두루치기, 감자전, 메밀전을 비롯해 옻닭백숙, 가오리찜 등 연지식당에서는 다양한 음식들을 맛볼 수 있다. 엄마 손맛과 같은 밑반찬에 1년 이상 숙성한 김치로만 만드는 김치두루치기나 메밀전이 인기 메뉴다.

연지식당은 8년째 운영 중이지만, 평생 동안 음식 솜씨를 갈고 닦아온 주인장이라 차림표에 가득 쓰인 어떤 메뉴를 주문해도 실망하는 법이 없다.

주인장의 성격 탓인지 경영철학 때문인지 시장 내 어떤 집보다도 깔끔하고 친절하다. 주인장의 살뜰한 서비스를 받으며 점포 앞에 놓인 평상에 앉아 메밀전이나 감자전을 앞에 놓고 막걸리 한 잔 마시는 즐거움은 더할 나위 없다. 재래시장에서 사람 사는 소박한 향기를 느끼고 싶다면 주저 말고 연지식당으로 가보아도 좋을 것이다.

감자전이 생각나시면 서부시장을 찾으세요.
넓은 주차장과 밖에서 주문해 먹을 수 있는
평상이 기다리고 있습니다.

주소. 임영로155번길 6 서부시장 1층 40호 (용강동 29)
영업시간. 14:00~22:00
휴무. 매주 일요일
전화. 033-643-6343
주차. 서부시장 주차장
대표메뉴. 감자전 5,000원, 김치두루치기 18,000원

토담순두부

허난설헌 생가 입구에 위치한 '토담순두부'는 오래된 시골집 분위기가 나는 정겨운 식당이다. 바깥에서 보이는 담벼락이나 건물 외벽, 심지어 간판까지 세월의 더께가 쌓인 흔적이 가득하다. 손님을 맞는 손때 가득한 테이블마저 옛 마구간을 그대로 살린 식당 내부 구조와 묘하게 어울려 특유의 분위기를 자아낸다. 3대째 내려오는 두부 전문점의 전통이 곳곳에서 느껴진다.

이곳의 메뉴는 단 4가지로 순두부전골, 두부전골, 순두부백반, 모두부이다. 순두부에 매콤한 양념을 넣어 맵고 칼칼하게 끓여낸 순두부전골이 인기 메뉴다. 두부전골은 몽글몽글한 순두부와 달리 얼큰하면서도 두부의 씹는 맛이 살아있다.

두부 본연의 맛을 즐기고 싶다면 담백하고 고소한 순두부백반이나 모두부가 좋다. 특히, 순두부백반은 2인분 이상 주문이 가능한 전골과 달리 1인분도 가능해 혼밥족들에게 딱 맞는 맞춤 메뉴. 깻잎, 무말랭이, 어묵 볶음, 미역줄기 볶음, 김치 등이 기본 상차림에 나오는데, 할머니 댁에서 먹는 집반찬 같은 맛이다.

초당두부마을에 있는 식당들 대부분이 그렇듯 이곳 역시 방송을 많이 탔다. SBS<생방송 투데이>, KBS2TV<생생정보통>, jtbc<밤도깨비>,<알쓸신잡> 등이 이곳을 거쳐 가면서 이제는 대기 줄을 서야 먹을 수 있는 곳이 되었다. 하지만, 브레이크 타임이 따로 없기 때문에 피크 타임을 피해 가면 운좋게 바로 식사를 할 수도 있다. 또한, 이른 아침부터 영업을 시작하기 때문에 아침 식사가 가능한 곳이기도 하다. 뒷문으로 나가면 허균, 허난설헌 기념관이 바로 이어진다. 식사 후 기념관을 산책하기에도 좋다.

순두부전골을 처음 개발한 토담순두부,
식사 후 허균 생가도 구경하세요.

주소. 난설헌로193번길 1-19 (초당동 388)
영업시간. 07:00~19:00(하절기)/ 07:30~19:00(동절기)
마지막 주문 18:30
휴무. 매주 월요일, 명절 당일
전화. 033-652-0336
주차. 여유 있음
대표메뉴. 순두부전골 9,000원, 순두부백반 9,000원

진한 국물에 쫀득한 감자

포남사골옹심이

만약 당신이 쌀쌀한 가을날, KTX를 타고 강릉역에 내렸다고
하자. 아침을 커피 한 잔과 토스트 한 쪽 정도로 가볍게 먹어
배가 출출하다면 더 좋다. 휑하니 부는 바람에 떨어진 낙엽만
이 뒹구는 역사(驛舍) 앞. 이제 어디로 갈까? '당장 따끈한 국
물에 출출한 배를 달랠 곳이 없을까. 더욱이 지역 향토음식을
맛볼 수 있다면 더 좋겠는데 어디 없을까' 싶다면 여기로 가
라. 걸어서 15분이면 만날 수 있는 곳, '포남사골옹심이'가 바
로 그곳이다.

뜨끈하고 진한 사골 국물에 직접 갈아 만든 옹심이가 동글동
글 푸짐하다. 깨와 김가루가 뿌려진 옹심이에 김치를 한 쪽
얹어 후후 불며 후루룩 퍼 먹다보면 추위도 배고픔도 어느새
저만치 도망가고 없다. 감자를 채에 갈아 손으로 직접 빚어
만든 옹심이는 쫀득쫀득해 먹는 즐거움을 더해준다. 특히 이
집의 매력은 국물에 있다. 옹심이의 경우 주로 멸치와 야채를
넣은 육수를 사용하는 곳이 많은데, 이곳은 사골 국물에 통감
자를 넣어 진하고 구수한 국물 맛을 낸다. 그래서 깔끔한 맛
보다 진한 육수를 좋아하는 사람들에게 더 사랑받는 곳이다.

옹심이만 넣은 사골순옹심이, 국수가 더해진 사골옹심이국수, 사골칼국수, 사골떡만두국 그리고 감자송편 이렇게 다섯 가지 메뉴를 선보이고 있다. 이미 방송에도 여러 번 나온 맛집이라 피크타임을 피해 가면 기다리지 않고 바로 먹을 수 있다.

옹심이는 '새알심'이라는 뜻의 강원도 사투리입니다.

주소. 남구길10번길 11(포남동 1152-7)
영업시간. 매일 11:30~19:30
브레이크타임 주말 15:00~16:00 /평일 14:30~15:30
휴무. 매월 둘째,넷째 수요일
전화. 033-647-2638
주차. 골목에서 우회전 공영주차장
대표메뉴. 사골옹심이국수 8,000원, 사골순옹심이 9,000원, 감자송편 9,000원

Chap.4

면치기, 몇 번까지 해봤어?

국수 요리

모녀가 만드는 검고 쫄깃한 손맛

까치칼국수

아침 일찍부터 사이좋게 구수한 장칼국수를 만들기 위해 분주한 엄마와 딸이 있다. 김영자 사장과 딸이 바로 그 주인공. 환하게 웃는 얼굴이 똑 닮아 누가 보아도 모녀지간임을 금방 알아챌 것만 같다.

'까치칼국수'는 단 두 가지, 장칼국수와 소고기 김밥의 메뉴만큼이나 맛의 비결도 간단하다. 바로 주인장 모녀의 손맛이 그것. 특히, 손으로 치댄 칼국수 면발이 핵심이다. 옛날 우리 어머니들이 집에서 밀가루를 반죽해 밀대로 치댄 다음 투박하게 썰어내던 그 방식 그대로 칼국수 면을 만드는데, 주인장은 반죽에 검은콩 가루를 넣어 영양은 물론 맛과 색을 차별화했다. 거무튀튀하면서도 쫄깃하기까지 한 이 면발이 바로 주인장의 시그니처인 셈.

그러나 처음부터 '까치칼국수'의 면이 검지는 않았다. 원래 노란 콩가루를 섞어서 고소한 면을 만들던 주인장은 검은콩의 영양학적인 면에 반해 그때부터 검은콩 가루를 섞어 면을 치댔다고 한다. 식당 안으로 들어가면 벽면에 크게 적힌 검은콩의 효능이 한눈에 들어온다. 계절 메뉴로 여름에만 맛볼 수 있는 콩국수 역시 검은콩으로 만든다.

매일 그 많은 반죽을 일일이 손으로 치대는 힘든 과정에도 불구하고, '까치 장칼국수' 한 그릇은 누가 먹어도 넉넉하게 느낄 만큼 양이 푸짐하다. 국물은 멸치육수에 고추장을 기본 베이스로 하지만 맵지 않다. 홍합을 넣어 시원한 맛을 더한 것은 물론, 냉이, 호박, 버섯 등 야채도 듬뿍 들어가기 때문이다. 또, 다진 소고기와 구운 김 가루를 고명으로 올려 고소한 맛도 느낄 수 있다.

1997년 개업해 20년 이상 강릉 현지인의 사랑받아온 '까치칼국수'는 작년 12월, 인근에 새로운 보금자리를 이전했다. 까치가 정겹게 그려진 간판을 따라 식당에 들어서면, 더 넓고 깨끗해진 매장에 여전히 바쁘고 친절한 주인장 모녀의 기분 좋은 미소가 기다리고 있다.

장칼국수 국물에 소고기 김밥을 찍어먹는 맛이 예술입니다.
김밥 추가 강추!!

주소. 강릉대로313번길 62 (포남동 1107-4)
영업시간. 10:30~19:30
휴무. 매주 일요일
전화. 033-652-7410
주차. 바로 옆 무료 공영주차장
대표메뉴. 검은콩 장칼국수 7,000원, 소고기김밥 3,000원

현지인에게 더 사랑받는 회냉면집

남북면옥

'남북면옥'은 주문진 버스터미널에서 걸어서 10분 거리에 있다. 도깨비 촬영지나 주문진 수산시장과도 가까워 타 지역에서 주문진을 방문한 사람들도 쉽게 찾아갈 수 있다. 터미널에 도착하자마자 일단 한 끼 해결하고 나서거나, 인근 관광지를 구경하고 쇼핑도 한 다음 들르기에도 좋다. 물론 '남북면옥'은 인근 주민들로 붐비는 곳이다. 할아버지도 자전거 타고오고, 아주머니들도 친구들과 삼삼오오 들르고, 가족 단위로외식 나들이에 나선 사람들까지. 부담 없는 가격에 쉽게 찾아가 냉면 한 그릇으로 즐거운 이야기꽃을 피우는 곳, 그런 곳이 바로 '남북면옥'이다.

이곳은 회냉면 전문점이다. 회냉면과 물냉면, 물막국수, 수육 등을 맛볼 수 있다. 비빔냉면은 따로 없고 비빔냉면을 먹고 싶을 때에는 회냉면을 주문해야 한다. 회냉면에는 명태회무침이 들어있는데, 부드러우면서도 달짝지근한 맛이 좋다.이 명태회무침은 수육을 주문해도 접시 한 쪽에 같이 나오는데, 이것을 돼지고기 수육과 함께 백김치에 넣고 싸서 먹는맛이 좋아 단골손님들에게 인기다. 국물이 필요할 때에는 주문과 동시에 테이블마다 배달되는 육수 주전자에 담긴 육수를 언제든 부어서 먹어도 좋다. 물막국수는 메밀면에 양념장을 얹어서 내오는데, 동치미국물에 담겨 시원하다. 밑반찬으로 나오는 배추김치, 열무김치, 무절임도 다 맛있다.

매장이 넓고 주차장도 바로 옆에 넓게 마련돼 있어 접근성이 뛰어나고 극성수기 피크타임만 피하면 거의 바로 테이블에 앉아 식사할 수 있다. 특히, 창가 쪽에는 매장 밖을 바라보며 일렬로 마련된 좌석도 있어 혼자 식사하기에도 부담 없고 편하다.

메뉴판 보면 살짝 기분 좋아지실 겁니다.
저 가격이 실화임?

주소. 주문진읍 신리천로 90 (교항리 370-13)
영업시간. 10:00~20:00 마지막 주문 8시 전
휴무. 4~9월 없음, 10~12월 매주 수요일
전화. 033-661-6676
주차. 여유 있음
대표메뉴. 회냉면 6,000원, 수육(소) 20,000원

바다보다 더 시원한 맛

삼교리동치미막국수
남항진점

안목항에서 공항대교를 건너 해변을 따라 내려오면 만날 수 있는 곳이 바로 남항진이다. 여느 해변이 다 그렇듯이 남항진 도 여름이면 해수욕을 즐기는 관광객들로 붐비는 평범한 곳이다. 그런데, 이 평범한 해변을 특별하게 만드는 곳이 있다. 바로 바다보다 더 시원한 먹거리로 사람들의 발길을 끄는 곳, '삼교리동치미막국수' 남항진점이다.

'삼교리동치미막국수'는 강릉에 3곳이 있다. 테라로사 공장이 있는 구정과 교동 택지, 그리고 이곳 남항진점이다. 처음 생 긴 곳이 이 남항진점인데, 1998년에 오픈을 했으니 벌써 20 년이 넘었다. 각 점마다 맛의 차이가 크게 없음에도 유독 이 남항진점에 와서 먹어야 속이 뻥 뚫리는 듯 시원한 동치미막 국수의 참맛을 느낄 수 있다. 아마도 눈앞에 펼쳐진 푸른 바 다의 철썩이는 파도소리를 들으며, 혀끝으로는 살얼음 낀 동 치미국물을 와사삭 씹는 이 순간의 맛 때문이 아닐까.

이곳 막국수는 일반 물 막국수나 냉면처럼 육수로 만든 게 아 니라 순전히 동치미 국물을 이용한다. 새콤하면서도 달달한 맛을 내는 숙성된 동치미 국물 맛은 이 집의 비법이다. 이 동치미 국물은 작은 항아리에 담겨 나오는데, 날씨에 따라 살얼음이 살짝 껴있기도 하고, 큰 얼음이 통째 들어있기도 하다. 국수는 사리가 고봉처럼 높게 말려 커다란 대접에 나오는데, 메밀로 만든 면이지만 지나치게 뚝뚝 끊기는 맛이 아니라 제법 쫄깃한 면발도 느낄 수 있다. 국수 위에는 양념장, 계란, 콩가루 등이 뿌려져 나오는데, 여기에 시원한 동치미국물을 직접 부어 먹으면 된다. 상 한 켠의 작은 메뉴판에는 양념장, 참기름, 설탕, 식초 등을 넣어 더 맛있게 먹는 법을 안내하고 있다.

동치미 막국수가 이곳의 시그니처 메뉴이지만, 회막국수나 수육, 메밀전병, 메밀만두 등 무엇을 주문해도 전반적으로 다 맛있다. 수육은 촉촉하고, 메밀전병은 김치를 다져넣어 매콤한 맛이 식욕을 더 당긴다. 메밀만두는 소가 담백해 아이들이 먹기에도 좋다. 식당을 나서면 바로 바다가 펼쳐지니 식후 커피 한 잔을 들고 해변을 산책하는 것도 필수 코스다.

살얼음 동동 마음도 동동, 몇 년 동안은 계속 생각나는 맛이에요.

주소. 공항길127번길 42(남항진동 2)
영업시간. 매일 10:00~20:30
휴무. 매주 월요일
전화. 033-653-0993
주차. 식당 앞과 해변 무료주차장
대표메뉴. 막국수 8,000원, 수육(소) 17,000원

인심 넉넉, 사리도 넉넉

노래곡막국수

"우리 집은 육수를 야채와 과일로만 우려냈어요. 화학조미료를 넣지 않아 시원하고 깔끔한 맛입니다. 또, 면은 순메밀이라 자부합니다."

2005년 개업한 이래 꾸준히 사랑받는 맛의 비결에 대한 주인장의 답이다. 실제로 이 집 막국수를 먹어본 사람들은 육수의 맛이 특별하다는 얘기부터 건넨다. 고기 육수의 진한 맛을 기대했던 사람들, 또 조미료 맛에 길들여진 사람들은 이 밍밍한 맛은 뭐지? 하는 표정을 지을 수도 있다. 하지만 한번 먹어보면 느끼하지 않아 자꾸 먹고 싶은 건강한 맛이다.

'노래곡'은 지명을 딴 이름이다. 점포가 가톨릭관동대학교 근처 내곡동에 위치해 있는데, '노래곡'은 이 내곡동의 옛 지명이다. 인근 주민들과 대학생들이 자주 찾는 맛집이라 주인장의 인심도 넉넉하다. 막국수를 시키면 따로 추가 주문하지 않아도 테이블마다 면 사리가 기본으로 제공될 뿐니라 식혜와 커피도 후식으로 먹을 수 있다.

막국수 전문점이지만 배가 출출한 손님들의 시장기를 단번에 달래주는 소머리국밥, 소고기무국도 인기 메뉴. 2018년 동계올림픽 때에는 13가지가 넘는 한방재료로 삶은 한방수육과 두부, 김치를 함께 먹는 두부수육삼합이 강릉특선음식으로 선정되기도 했다. 깍두기, 김치 등 밑반찬도 맛깔나다.

전자제품 회사 지점장을 지낸 이력 때문인지 '노래곡막국수'의 주인장은 강릉 특유의 투박하고 무뚝뚝한 서비스 대신에 몸에 밴 친절로 손님을 맞는다. '고객 우선'을 경영 철학으로 삼은 만큼 맛과 친절한 고객 응대 서비스는 기본인 듯하다.

1대 사장님과 2대 아들부부가 운영하는 노래곡막국수,
서비스로 주시는 추가 사리 너무 좋아요.

주소. 남부로 54-6 (내곡동 393)
영업시간. 10:30 ~ 20:30 브레이크 타임 여름 2~4시
휴무. 10~3월 매주 화요일, 4~9월 휴무 없음
전화. 033-645-5345
주차. 있음
대표메뉴. 막국수 7,000원, 두부삼합수육 25,000원
메밀부침 5,000원

노부부 주름진 손에 담긴 情 한 그릇

부일손칼국수

'부일손칼국수'는 초당동 유화2차 아파트 맞은편에 위치하고 있다. 아파트 주변에서 동네 사람들을 상대로 장사를 하는 평범하고 친숙한 이미지의 식당이다. 하지만, 초당을 방문하는 관광객들에게 필수 코스로 여겨지는 '카페 툇마루'에서 멀지 않아 요즘은 외지 사람들도 종종 찾아오는 곳이기도 하다. 주인장은 노부부인데, 할머니가 요리를 하고 할아버지는 홀에서 주문을 받고 서빙을 한다.

평범한 외관과 달리 식당 내부에서는 노부부의 손길과 취향이 곳곳에서 느껴진다. 한눈에 보아도 가지런히 놓인 테이블과 좌석이 정결하다. 또, 옛날 재봉틀, 오래된 소품, 가구 등이 놓여 있는데, 이것들이 어우러져 정겹고 편안한 분위기를 자아낸다. 할아버지가 워낙 친절하고 다정한 이유도 있지만, 식당 분위기 또한 이런 할아버지를 닮았다고 할 수 있겠다.

'부일손칼국수'의 대표 메뉴는 영양칼국수와 장칼국수다. 또, 주문 즉시 감자를 직접 갈아 부쳐내는 감자전도 인기 메뉴다. 원래는 매콤한 청량고추를 넣어서 부치지만, 매운 것을 싫어하는 사람들은 고추를 빼달라고 하면 된다.

초당이 두부로 유명한 곳이다 보니 장칼국수에 순두부가 듬뿍 들어간 순두부장칼국수도 잘 나간다. 쫄깃쫄깃한 손칼국수 면과 말캉말캉한 순두부가 매콤한 장칼국수 국물에 퐁당 빠져 있는데, 칼칼한 국물이 너무 맵게 느껴질 때면 순두부를 한 수 저 듬뿍 퍼먹는다. 그러면 매웠던 입안을 부드러운 순두부가 싹 씻어준다. 매운 것을 잘 못 먹는 사람들도 즐길 수 있다.

혹여나 양이 부족하지 않은지 묻고는 공기밥이 서비스라는 말을 보탠다. "충분히 배부르다"는 대답에도 "밥 줄까?"를 묻고 되묻는 주인장 할아버지. '부일손칼국수'는 음식의 맛도 맛 이지만, 음식에 담겨 나오는 노부부의 따스한 정이 이미 한도 초과인 그런 집이다.

사장님~ 문 열어주세요. 무슨 일? 식당 위층에 사장님이
항상 계시거든요, 따로 영업시간이 없어요.

주소. 연당길 94-12 (초당동 174-9)
영업시간. 07:00~21:00
휴무. 연중무휴
전화. 033-651-1266
주차. 없음
대표메뉴. 순두부장칼국수 8,000원, 감자전(2장) 10,000원

부드러운 메밀전과 매콤한 장칼의 만남

안목바다식당

남항진 해변으로 들어가기 전 삼거리에서 해변 반대쪽 도로변에 검은 기와를 얹은 소박한 한옥 건물이 있다. 이곳은 바로 '안목바다식당'이다. 뒤로는 대나무 숲이 우거져 있고, 앞으로는 바다 쪽을 바라보며 앉아있어 제법 운치 있는 곳이다. 식당 이름만 들으면 바로 바다가 내다보일 것 같지만 해변으로 가려면 병산 옹심이 골목을 지나 더 들어가야 한다.

'안목바다식당'의 대표적인 메뉴는 장칼국수다. 아는 사람은 다 알만한 장칼국수 맛집이라 평일에도 대기 줄을 설 것을 각오하고 가야 한다. 먼저, 이곳에 도착하면 외벽에 붙여놓은 메뉴판이 눈에 띄는데, 그 옆에 난 작은 문 안쪽에서 주문을 받고 있는 것이 보인다. 메뉴를 정한 다음, 거기서 주문을 하고 기다리면 테이블로 안내한다. 테이블은 실내에도 있고, 밖에도 마련돼 있다.

이 집은 얼큰하면서도 매콤한 장칼국수로 사랑받는 곳이지만 장칼국수만큼 잘 나가는 것이 바로 메밀전이다. 얇고 보들보들한 메밀전의 식감이나 함께 넣고 부친 잘 익은 김치의 맛이 일품이다. 장칼국수를 먹다가 입안이 얼얼할 때 메밀전으로 매운 맛을 달래기도 좋고, 식전 음식으로 가볍게 먹기도 좋다.

이 외에도 하절기와 동절기에는 계절 메뉴를 낸다. 여름(5~9월)에는 100% 국산콩으로 만든 진하고 고소한 냉콩국수를 맛볼 수 있고, 겨울(10~4월)에는 소고기와 김치를 넣고 직접 빚은 손만두로 만든 만둣국, 떡만둣국 그리고 만두가 들어간 장칼국수인 칼만두 등을 맛볼 수 있다. '안목바다식당'의 식재료는 대부분 국내산이다. 쌀은 물론 김치를 만드는 고춧가루, 무, 배추 그리고 콩까지. 대표 메뉴 외에 계절 메뉴까지 다 사랑받는 이유가 여기에 있지 않을까 싶다.

한옥에서 먹는 장칼국수와 콩국수의 만남.

주소. 성덕로 148(병산동 528)
영업시간. 매일 11:00~19:30 마지막 주문 19:20
브레이크 타임 15:00~17:00
휴무. 없음
전화. 033-652-3373
주차. 전용 주차장 10대 이상
대표메뉴. 장칼국수 7,000원, 메밀전 7,000원

대를 이어 맛을 지켜온 50년 전통 맛

용비집

50년 가까운 세월 동안 강릉 남문동 가구 골목을 지키며 국수를 내는 집이 있다. 이 집의 역사는 식량난으로 배고프던 70년대로 거슬러 올라간다. '혼식으로 부강 찾고, 분식으로 건강 찾자'는 표어로 혼식과 분식을 장려하던 1972년, 용비집은 따뜻한 국수 한 그릇으로 이웃들의 고픈 배를 달래주며 그렇게 영업을 시작했다.

"어머니의 손맛을 이젠 제가 전수받아 가게를 운영해요. 하지만, 우리집 대표 메뉴인 장칼국수의 장맛은 여전히 어머니의 몫입니다. 오래 발효된 특별한 메주가루로 만든 어머니의 장맛은 누구도 흉내 낼 수 없는 우리 집만의 비법인 셈이죠."
용비집 2대 주인장인 정상교, 김용희 부부는 SBS TV <생활의 달인>에 장칼국수 달인으로 선정될 만큼 이미 자신만의 비법과 기술을 갖췄다. 그럼에도 모든 공을 여전히 창업주인 어머니에게 돌리는 효심 깊은 부부다.

가게에 들어서면 손님들이 다녀가면서 쓴 글과 그림들이 벽면을 가득 채우고 있다. 낙서처럼 자유롭게 마구 쓴 글들이 막 내온 장칼국수가 뿜어내는 뜨끈한 김과 더해져 정겹게 느껴진다.

강릉 현지인들에게 오래 사랑받던 작은 국수가게가 전국 방송을 탄 이후에는 외지인들까지 찾아와 줄 서는 전국 맛집이 되었다.

그럼에도 '용비집'은 오늘도 변함없이 착한 가격 6,000원으로 손님을 맞는다. '먹는 걸로 절대 속이지 말라'는 어머니의 가르침을 묵묵히 실천하며 하루 단, 200인 분의 국수만을 정성껏 준비한다. 장칼국수와 사골곰탕 그리고 여름 계절 메뉴인 냉콩국수도 맛볼 수 있다.

강릉의 장칼국수가 이 집에서
시작되었다는 얘기가 전해질 정도로 오래된 맛집입니다.
칼칼하게 매운 장칼국수를 좋아하는 사람은 따로 준비한
매운 양념을 꼭 넣어 먹기를 권합니다.

주소. 남문길 20(남문동 134-1)
영업시간. 10:00~16:00
휴무. 매주 화요일
전화. 033-646-2020
주차. 가게 앞 공용주차장 이용 가능
대표메뉴. 장칼국수 6,000원

방송 없이도 기꺼이 줄 서서 먹는 맛

청송장칼국수

장칼국수의 고장으로 알려진 강릉에는 이미 전국적으로 유명한 장칼국수 맛집이 여러 곳 있다. 방송에 나온 집만도 여럿이어서 장칼국수 마니아들은 방송을 탄 집들을 일일이 찾아다니며 맛을 보고, 그 차이점을 직접 느껴보는 것을 즐거움으로 삼기도 한다. 그만큼 장칼국수가 이젠 전국적으로 대중화되었다는 뜻이기도 한 듯하다.

점점 치솟는 장칼국수 인기에 따라 장칼국수를 메뉴로 내는 집도 많아졌는데, '청송칼국수'도 그중 하나이다. 포남동 청송아파트 근처에서 영업한 지 올해로 20년이 지났지만 흔한 지역 방송 한번 타지 않았다. 방송에 나오지 않았으니, 흔한 관광객도 찾지 않는다. 그런데도 웬일일까. 식사 시간이 되면 줄을 길게 늘어서야 한다. 단골들의 발길만으로도 복작복작 미어터지는 곳, 이곳이 바로 '청송장칼국수'다.

'청송장칼국수'는 장칼국수와 손만둣국이 대표 메뉴다. 장칼국수는 애호박, 감자, 표고, 느타리, 부추 등 야채를 아낌없이 넣어 자칫 맵고 텁텁한 장맛을 시원하고 구수한 맛으로 바꿔놓았다. 진하고 시원한 국물에 얇은 칼국수 특유의 면발이 쫄깃쫄깃하다. 양도 넉넉하고 푸짐하다. 대부분 손님들이 장칼국수를 주문해 먹지만, 직접 빚은 손만두로 끓인 만둣국도 놓치면 아까울 정도로 맛있다. 구수한 국물에 강원도식 손만두가 들어있는데, 위에 고명으로 들깨가루를 듬뿍 얹었다.

깔끔한 오픈 주방이 매장에서 훤히 들여다보여서 음식이 나오는 과정도 직접 확인할 수 있다. 언제 방문해도 웃으며 친절하게 맞는 주인장이 있으니, 단골들은 오늘도 기꺼이 줄을 선다.

맛, 친절, 양 모두 만족하실 겁니다.
앗! 우체국 앞엔 주차하지 마세요. ^^

주소. 경강로2323번길 14 (포남동 1193-3)
영업시간. 11:00~19:30 브레이크 타임 15:00~17:00
휴무. 매주 일요일
전화. 033-651-1472
주차. 식당 뒤편에 있음
대표메뉴. 장칼국수 7,000원, 손만둣국 7,000원

Chap.5

지글지글, 육즙이 가득한 소리

맛있는 고기집

불혹을 넘긴 인생 갈비

강릉갈비

강릉에 소갈비 하나로 40년 역사를 써나가는 집이 있다. 풋풋한 청년이었던 이도 어느새 중년의 길목을 지나 노년의 문턱에 설 만큼 오래도록 지나온 시간동안 빌딩도 낡아가고, 음식을 하는 손도 늙어가지만, 거리를 지키는 가로수처럼 변함없이 그 맛을 지키는 집. 명주동 '강릉갈비'다.

1981년 오픈한 '강릉갈비'는 오직 소 양념갈비만을 내는 집이다. 처음엔 중앙시장 안에 식당이 위치해 있었다. 그 후 단 한번 이전한 곳이 바로 지금의 명주동 현 위치이다. 강릉대도호부관아에서 강릉의료원 방면으로 올라가다 보면 강릉의료원 가기 바로 전 우측 건물에 간판이 보인다. 수십 년 단골손님들은 매번 잊지 않고 찾아오고 특히, 이젠 어머님들의 계모임 장소로도 사랑받는 곳이다.

원래는 한우소갈비만을 내던 곳이었는데, 워낙 비싸진 한우 값 탓에 2015년부터 미국산 소고기를 쓰고 있다.

미국산 소고기에 거부감이 생길만도 한데, 특별한 양념맛의
비결 때문인지 충성도 높은 고객 덕분인지 여전히 '강릉갈비'
의 역사는 계속되고 있다. 직접 담근 김치 3종 세트에 시원한
동치미를 더한 기본 찬은 물론, 갈비를 먹고 난 뒤 구수하게
끓여내는 된장찌개도 놓치지 말고 꼭 맛보아야 한다. 불혹의
인생 갈비의 맛을 꽉 차게 느끼려면 말이다.

처음엔 국산 갈비를 사용했으나, 수급의 어려움으로
수입 갈비를 쓰고 있지만 여전히 그 맛을 내서
예전 손님으로 항상 붐비는 곳.

주소. 경강로 2035 (명주동 34-1)
영업시간. 17:00~21:00
휴무. 매주 일요일
전화. 033-646-1981
주차. 없음
대표메뉴. 소갈비(300g) 30,000원

자연 속 힐링의 맛

다이닝블루

'다이닝블루'는 강릉 시내에서는 조금 떨어진 한적한 곳에 있다. 구정에 있는 '테라로사' 본점에서도 더 들어가야 한다. 이런 곳에 뭐가 있을까 싶은 생각이 들 때쯤 자연 속에 폭 파묻힌 블루하우스가 보인다. 집을 전체적으로 칠한 짙은 파란색이 인상적이다. 게다가 잔디가 깔린 정원이 있어서 계절마다 혹은 날씨에 따라 전혀 다른 분위기를 느낄 수 있다.

<다이닝블루>는 스테이크와 파스타, 피자 등을 내는 이탈리안 레스토랑이다. 호텔조리학을 전공한 오너 쉐프가 부인과 함께 2016년에 개업했다. 스테이크는 축협을 통해 공급받은 국내산 한우를 사용하는데, 주인장이 직접 웻에이징이라는 저온 진공법으로 숙성하여, 부드럽고 풍부한 고기향이 일품이다. 일일이 수작업을 거쳐야 하는 고된 과정에 시간도 많이

걸리지만, 바로 이런 셰프의 정성이 담긴 손맛 덕분에 이곳은 스테이크 맛집으로 자리 잡게 되었다. 한우 스테이크 외에도 레드페퍼가 들어간 토마토소스에 부라타 치즈를 얹은 부라타 파스타, 우리나라 수제비와 유사한 감자 뇨끼 등도 손님들에게 사랑받는 메뉴다.

식당 밖 정원에는 포토존도 곳곳에 만들어 놓아 방문객들이 추억을 사진으로 담기에도 좋다. 조용한 분위기에서 연인끼리 기념일을 보내거나 아이들과 함께 온 가족들이 특별한 이벤트를 즐기기에도 더없이 좋은 곳이다. 한편, 자동차가 없이는 가기 힘든 곳이라 조금은 아쉽다. 또, 재료나 소스는 하루분만 만들어 그날 모두 소진하므로, 반드시 예약을 하고 가는 것이 좋다. 가까운 곳에 자동차극장이 있고, 한 달에 한 번만 문 여는 강원도 유일의 라디오박물관도 있으니 식사 후 들러보는 것도 좋다.

직접 농작물을 심어 수확한 야채와 채소를 식재료로 쓰는 곳.
화학조미료는 사용하지 않으며 식전 빵과 소스류도
주인장 셰프가 직접 만듭니다.

주소. 구정면 칠성로 13-14 (어단리 860-1)
영업시간. 12:00~21:00 브레이크타임 15:30~17:30
휴무. 매주 수요일
전화. 033-645-5771
주차. 20대 주차 가능
대표메뉴. 한우 안심스테이크 42,000원,
부라타 파스타 20,000원, 감자 뇨끼

바삭한 냉동 삼겹살의 맛

모닥불

'모닥불'은 강릉 시내 한복판에 있다. 시내 중앙을 관통하는 옛 기찻길 옆에 있는데, 지금은 이 거리가 월화거리로 깨끗하게 새 단장을 해 관광객도 많이 찾아온다. 이 월화거리 옆에 작은 삼겹살구이집 '모닥불'이 있다. 이름처럼 왠지 따뜻한 정이 느껴지는 곳이다. 쌀쌀한 날씨에 방바닥을 뜨끈뜨끈하게 데워놓는 주인장의 마음 때문일까? 아니면 주인장만의 비결로 입맛을 사로잡는 삼겹살 구이의 맛 때문일까?

'모닥불'로 들어가면 홀과 방으로 구분돼 있는데, 홀은 입식이고 2개의 방은 좌식 테이블이 놓여있다. 불판에 알루미늄 호일을 깔고 그 위에 냉동 삼겹살을 굽는다. 요즘에 알루미늄 호일을 까는 집을 찾기도 힘들 듯한데, 이게 뭐라고 추억 돋는 걸 보니 나이를 먹어간다는 느낌이 절로 든다. 냉동 삼겹살이 무슨 맛이 있겠냐고 하는 사람들도 있겠지만 이곳 삼겹살은 예외다. 기본찬으로 나오는 파 무침과 삼겹살 한 점을 함께 먹으면 더없이 좋다. 특히, 이곳은 삼겹살을 바로 불판에 올리는 게 아니라 갈비 양념이라는 맑은 양념장에 고기를 담갔다가 불판에 올려 굽는데, '모닥불'만의 맛이 비결이 여기서 나오는 듯하다.

오랜 친구와 느긋하게 삼겹살을 구우며 옛이야기를 나누고픈 사람이라면 엉덩이 뜨끈한 모닥불로 가자. 가서 정도 삼겹살도 바싹 구워보자.

옥천동 오거리에 위치한 모닥불 삼겹살,
비법의 육수에 냉동삼겹살을 담갔다가
불판에 올려 먹는 답니다.

주소. 경강로 2115번길 11(임당동 103-6)
영업시간. 17:00~22:00
휴무. 매주 둘째, 넷째 일요일
전화. 033-643-8544
주차. 없음
대표메뉴. 냉동삼겹살 (200g) 12,000원

퓨전 찜닭과의 색다른 만남

부성불고기찜닭

그런 날이 있다. 먹는 것을 찾아 즐기는 사람이 아니어도, 입맛이 예민한 편이 아니어도 그런 날이 있다. 뭔가 색다른 맛이 못내 그리운 날이 말이다. 연일 새로운 메뉴와 맛을 선보이며 신장개업을 알리는 식당들도 많지만, 뭔가 실패 없는 도전을 감행하고 싶다면, 이미 검증을 마친 곳으로 눈길을 돌려보자. 인근 이웃은 물론, 방송에서까지 맛집으로 인정한 '부성불고기찜닭'은 어떨까. 낙지와 찜닭, 돼지불고기와 찜닭의 이색적인 만남이 성공적으로 안착한 이 집 말이다.

강릉역 맛집으로 이미 소문난 이곳은 강릉역에서 불과 620m 거리에 위치하고 있다. 뚜벅뚜벅 걸어서도 역에서 10분이면 도착한다.

대표 메뉴인 고추장불고기찜닭은 국내산 돼지불고기와 닭을 10여 가지의 채소, 과일 등의 천연 재료들을 사용해서 하루 동안 재워서 만든다. 풍성한 채소, 버섯 등에서 나오는 단맛에 고추장 양념이 더해져서 매콤하면서 칼칼하다. 낙지찜닭도 인기 메뉴인데, 채와 당면 등이 가득한 찜닭에 싱싱한 낙지 한 마리가 통째 들어가 있다. 사이드 메뉴인 해물파전도 해산물이 듬뿍 들어가 두툼한 것이 매력이다.

주차장이 따로 없어 조금 불편하지만, 매장 내부가 깔끔하고 주인장도 친절해 이곳을 찾는 관광객들에게도 만족도가 높은 편이다. 음식을 먹는 동안 조리 서비스는 물론 먹는 순서, 방법 등 깨알같이 디테일한 정보도 쏙쏙 알려준다. 특히, 찜닭을 다 먹은 후 추가 주문해 먹는 볶음밥은 꼭 먹어야 '부성불고기찜닭'의 맛을 100% 제대로 즐겼다고 할 수 있으니, 꼭 챙기기를 권한다.

강릉역에서 600m, 기존의 찜닭과는 살짝 다른 맛!
마지막 볶음밥까지 꼭 도전하세요.

주소. 옥가로 50 (옥천동 219-11)
영업시간. 09:00~21:00
휴무. 매주 수요일
전화. 033-641-3601
주차. 없음
대표메뉴. 낙지찜닭(소) 20,000원,
고추장불고기찜닭(소) 20,000원, 해물파전 13,000원

시간도 멈춘 한우의 맛

소나무등심식육점

예전에 금방골목이라 불리던 길이 있다. 줄줄이 금은방이나 시계방 같은 점포들이 늘어선 길이다. 중앙시장 대로변에서 남대천 쪽으로 한 블록 뒤편에 나있는 길이 바로 그곳이다. 불과 20~30년 전만 해도 강릉에서 가장 번화하던 길이었다.

그런데, 지금은 그 많던 금은방들이 자취를 감추고 몇 개의 점포만이 명맥을 유지하고 있다. 그 옛 금방 골목 한 모퉁이에는 금은방 점포들의 쇠락에 상관없이 언제나 같은 모습으로 수십 년을 서 있는 작은 식당이 있다. 바로, 강릉 한우의 성지로 불리며 강릉 시민들의 사랑을 받는 곳, '소나무등심식육점'이다.

작고 비좁은 식당 내부에는 좌식 테이블 아홉 개가 놓여있다. 공간도 분위기도 마치 시간 여행을 떠난 듯 느껴지는 곳이다. 주인장은 성남동 토박이로 23년째 같은 자리에서 고깃집을 하고 있다. 처음에는 불고기집을 하다가 등심으로 메뉴만 바꾸어 운영 중인데, 그 세월만큼 옛날 감성이 물씬 풍기는 건 당연하지 싶다.

주인장은 가족과 함께 식당을 운영하는 노력으로 인건비를 줄이는 대신 질 좋은 고기를 저렴하게 손님상에 낸다는 자부심이 있다. 그 자부심 하나로 변함없는 소나무처럼 마지막까지 이 자리에서 성남동을 지키겠다고 한다.

기본 상차림으로 파절이, 사과샐러드, 쌈과 새송이버섯, 방풍나물, 물김치, 총각김치 등이 차려지는데, 모두 맛있다. 고기는 등심과 차돌박이 두 가지 부위만을 주문할 수 있다. 지난 세월의 무게만큼 묵직한 돌판을 달구어 소고기 비계로 반질반질 코팅을 한 다음 본격적으로 고기를 굽는다. 식육점에서 한우를 구입하는 것과 맞먹는 가격에 기본 상차림은 물론 된장찌개까지 무료로 제공된다. 저렴하고 맛있는 고기를 레트로 감성 뿜뿜 풍기며 먹고 싶다면, 시간이 멈춘 듯 변함없는 '소나무'처럼 서 있는 이곳으로 오라. 단 하루 3시간 30분 영업으로 짧고 굵게 마감하는 집이니 예약은 필수다.

무쇠 불판에 구워 먹는 생등심 맛집! 고기를 조금 남기고 된장찌개로 마무리하세요.

주소. 금성로 45번길 8-1(성남동 108-5)
영업시간. 17:30~21:00
휴무. 매주 화요일
전화. 033-648-7094
주차. 남대천 둔치에 주차 요망, 근처 주차공간 없음
대표메뉴. 등심(180g) 22,000원, 차돌박이(180g) 17,000원

컵 치킨, 날개를 달다

윙윙치킨

때는 바야흐로 1996년, 지금으로부터 24년을 거슬러 올라간다. 1,000원짜리 컵 치킨을 파는 작은 푸드 트럭에서 주인장 아주머니가 열심히 치킨을 튀기고 있다. 적은 양이라 부담 없이 금방 먹을 수 있는 컵 치킨은 어른, 아이들 할 것 없이 모두에게 사랑받았다. 좁은 트럭 안에서 닭을 손질하고, 튀김옷을 만들고, 고온의 기름에 튀기는 일은 여간 고생이 아니었지만 다행히 자리가 좋은지 잘 팔렸고, 밤늦도록 열심히 일했다.

호사다마라고 했던가? '지금처럼만' 매출이 계속되면 좋겠다는 생각을 할 때쯤 정부에서는 노점상 단속을 시작했다. 푸드 트럭도 예외는 없었다. 어쩔 수 없이 인근에 매장을 열었다. '윙윙치킨'은 그렇게 첫 번째 '날개'를 달았다. 한창 프랜차이즈 치킨이 여기저기서 나오고, 치킨의 새로운 맛을 입힌 신메뉴도 많이 나왔지만, '윙윙치킨'도 그리 호락호락하지는 않았다. 푸짐한 양과 바삭한 튀김옷을 무기로 이웃 치킨집의 위엄을 지켜나갔다.

물론 컵 치킨을 사먹던 그 맛을 잊지 못해 꾸준히 발길을 이어준 단골손님들의 높은 충성도가 아니었으면 오늘의 '윙윙치킨'도 없었다. 매출은 꾸준했고, 그 사이 어린 아기였던 딸 최윤경 씨는 2013년 금녀의 벽을 뚫고, 진에어 1호 여성 파일

럿이 되었다. 큰 딸이 진짜 '날개'를 달게 된 것이다. 지금도 매장 한쪽 벽에는 딸의 기사를 스크랩해서 붙여두고 있다.

주인장 아주머니의 아이들이 크는 동안 컵 치킨을 사먹던 고객들도 나이를 먹고 가정을 일궈 아들, 딸 손을 잡고 '윙윙치킨'을 찾는다. 여전히 푸짐하고 변함없는 맛에 추억을 먹는 느낌이라고. 엄마의 추억이 그렇게 또 딸의 추억이 된다. 주인장은 오늘도 같은 자리에서 끓는 기름에 튀김옷을 입은 닭을 넣으며, 새로운 추억에 '날개'를 달 주인공을 기다린다.

가성비라는 단어는 이 집을 보고 하는 말입니다!
닭똥집이나 닭껍질 튀김도 맛있어요.

주소. 경강로 2343번길 6-1 (포남동 1313-9)
영업시간. 17:00~23:00
휴무. 매주 일요일
전화. 033-652-0244
주차. 없음
대표메뉴. 무뼈치킨(대)20,000원, (중)10,000원, (소)5,000원

지글지글 암소 갈비의 세계

정통한우 본갈비

'정통한우 본갈비'는 2019년 4월에 오픈한 식당으로 포남 시장 쪽에 위치하고 있다. 이곳 주인장은 직업 군인이었는데, 중사로 전역한 후 14년 이상 고기를 다루는 정육 일을 한 베테랑이었다. 고기에 대해 나름 전문가 수준의 식견을 갖추고 나서 드디어 한우 고깃집을 차리게 된 것이다. 비록 개업한 지 얼마 되지 않았어도, 싸고 질 좋은 고기를 먹으려는 사람들이 점점 더 많이 이곳으로 향하고 있다.

'정통한우 본갈비'가 다른 고깃집과 다른 점은 한우 암소갈비만을 취급한다는 것이다. 소고기는 암소가 수소보다 육질이 연하고 맛있다고 알려져 있다. 흔히, 정육점에서 파는 소고기는 거의 대부분 수소이기 때문에 좀처럼 암소를 맛보기 어렵고 가격도 비싸다. 그런데 이곳 주인장은 자신의 정육 노하우를 십분 발휘해 싸고 맛있는 암소갈비를 내고 있으니, 단골손님들은 그저 즐겁기만 하다.

매장에 들어가면 한쪽 벽에 냉장 쇼케이스가 있는데, 그 안에는 팩에 포장된 소고기가 진열돼 있다. 마음에 드는 고기를 고른 후 테이블로 가져와 묵직한 돌판에 지글지글 구워먹으면 된다. 주로 구이용 꽃갈비살, 갈비살을 판매하는데, 그날

그날 살치살이나 꽃등심 같은 다른 부위도 냉장고에 진열된다. 또, 짝갈비에서 나오는 양지로만 한우 육개장을 만들어 파는데, 이는 점심 한정메뉴로만 나간다.

고기를 다 먹으면 고기를 굽던 돌판에 된장라면을 끓여서 주는데, 고기의 느끼한 맛을 싹 가시게 해주는 별미다. 매장이 작고, 고기가 다 팔리면 그날은 문을 닫는 곳이라 예약은 필수다.

가성비 좋은 한우를 맛보시고 된장라면도 꼭 도전하세요.

주소. 남구길 6-1 (포남동 1146-15)
영업시간. 11:00~23:00 브레이크 타임 14:00~17:00
휴무. 매월 2, 4주째 일요일
전화. 033-643-9052
주차. 구 포남시장 주차장
대표메뉴. 한우꽃갈비살(100g) 13,000원
한우갈비살(100g) 11,000원

Chap. 6

맵고 빨간 짬뽕 VS 검은 짜장

중화요리

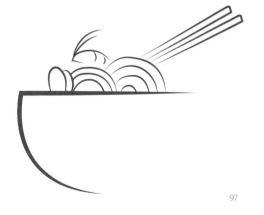

바다에서 즐기는 화끈하게 매운 맛

경포중국집

강릉에는 맛있는 짬뽕을 파는 집이 여럿 있다. 거의 권역별로 한 집씩 있다고 해도 과언이 아닐 정도다. '경포중국집'은 경포 호수 근처에 있어서 경포해수욕장에서도 가깝다. 경포 호수 쪽 중간에 있는 공영 주차장에 차를 세워놓고 조금만 걸어가면 바로 만날 수 있다. 인근 주민은 물론 여행객들도 자주 찾는 이곳은 짬뽕, 특히 매운 짬뽕인 '화끈한 불짬뽕'으로 유명하다.

'경포중국집'의 외관은 오래되고 심지어 허름해 보이기까지 한다. 한눈에 봐도 숨은 맛집인 걸 느낄 수 있다. 매장 내부는 생각보다 넓고 깔끔하다. 손님들은 대부분 해물짬뽕을 주문하거나 화끈한 불짬뽕을 주문한다. 해물짬뽕은 꽃게, 오징어, 홍합, 쭈꾸미 등 해물이 듬뿍 들어가 있어 마치 해물탕을 먹는 것처럼 칼칼하면서도 시원한 맛을 낸다. 화끈한 불짬뽕은 눈물을 쏙 뺄 만큼 매운맛이어서 단단히 각오를 하고 주문을 해야 한다. 삼각형 모양의 바삭한 군만두나 탕수육도 손님들이 좋아하는 메뉴다.

성수기에는 해변에서 배달 주문이 들어오기도 한다. 경포 바다를 바라보며 먹는 자장면, 짬뽕의 맛을 즐기려는 관광객들 때문이다. 또한, 전날 밤 과음의 늪에서 아침까지 벗어나지 못해 얼큰한 국물로 속을 달래려는 사람들도 '경포중국집'을 찾아온다. 아침 10시 반이면 식사가 가능하기 때문이다.

경포호수 옆 매운짬뽕집! 상호가 정말 경포중국집

주소. 경포로 479 (안현동 867)
영업시간. 10:30~20:00
휴무. 매주 화요일
전화. 033-643-1614
주차. 호수 옆 공영주차장 이용
대표메뉴. 얼큰한 해물짬뽕 7,000원 화끈한 불짬뽕 8,000원

옛날 짜장의 추억

신성춘(新成春)

드르륵 미닫이문을 열고 들어서면 연탄난로가 홀 중앙에 보이고, 안쪽 방안에 테이블이 5개, 홀에 테이블이 2개가 있다. 벽에는 차림표가 붙어있는데, '강릉시 중화요리 일우회 정회원 모범업소'라고 적혀있다.

"개업한 지 40년이 지났어. 초창기에는 수타면으로 이름이 났지. 내가 다 손으로 면발을 뽑았으니까. 젊었으니 힘든 줄도 몰랐지. 지금은 힘에 부쳐서 기계로 면을 뽑지만, 맛이야 그대로지."

주인장 이정규 씨는 몇 년 전 일하다가 넘어져 더 이상 주방에는 들어가지 않는다. 대신 부인에게 그 비법을 전수했다. 남편 대신 부인이 주방장이 되었음에도 웬일인지 '신성춘' 음식의 맛은 옛날 맛 그대로라고 한다. '신성춘'을 찾는 손님들은 추억을 먹으러 오기 때문일까?

"남편이 고집스럽게 옛날 맛 그대로 내려고 해. 손님들도 예전 맛 그대로라고 좋아하니 다행이지. 많이 팔리는 것보다 그런 말 들으면 더 좋아해. 노인네들이 여전히 장사를 하고 있어 고맙다는 손님도 많아. '오래 오래 건강하셔서 계속 맛볼 수 있게 해 주세요' 하고 인사를 한다니까."

강릉 중화요리의 역사에서 빼놓을 수 없는 오래된 점포. 수십 년 지나온 세월만큼 노부부의 손놀림도 느려져 음식도 아주 느릿느릿 나온다. 하지만 어떠랴. 지난날을 추억하며 옛날 자장면을 먹을 수 있는 곳이 있다는 것만으로 새삼 기쁘니 말이다. 어릴 적 입 주변 가득 꺼멓게 묻히며 폭풍 흡입하던 짜장면이 그립다면 '신성춘'으로 가자.

다른 것도 맛있지만 '신성춘'의 대표 메뉴는
뭐니뭐니 해도 간짜장이다.

주소. 토성로 112 (용강동 49-1)
영업시간. 11:30~19:30
휴무. 매달 첫주 토요일
전화. 033-646-0069
주차. 인근 공영주차장
대표메뉴. 간짜장 6,000원, 탕수육(소) 18,000원

불향, 짬뽕 그리고 나눔

신짬

강릉역에서 멀지 않은 곳에 위치한 '신짬'은 언제나 줄을 서야 먹을 수 있는 짬뽕 맛집이다. 여러 매체에 강릉을 대표하는 맛있는 짬뽕집으로 소개가 되기도 했으니 이러한 인기는 어쩌면 당연한 듯하다. 그럼에도, 교동이 아닌 옥천동에 위치한 짬뽕 맛집 '신짬'의 매력은 무엇일까 궁금하지 않을 수 없다.

주차도 불편한 골목에 위치한 이 평범한 짬뽕 전문점은 먼저 다른 곳과 달리 공기밥이 무한리필이라고 쓰인 것을 볼 수 있다. 물론, 기본 상차림인 양파와 단무지도 무한리필은 마찬가지다. 주인장의 넉넉한 인심에 줄을 서 기다리며 다소 냉랭해지던 마음이 녹는다. 테이블을 차지하고 앉은 후 주문을 넣는다. 물론 짬뽕이다. 짬뽕에 면 대신 순두부를 넣은 것은 짬뽕순두부다.

주문을 넣으며 슬쩍 주방을 엿본다. 테이블에서도 훤히 보이는 오픈 주방이다. 누가 보아도 상관없다는 듯 열린 주방이 깔끔하다. 주문이 줄줄이 들어가고 매장은 음식을 기다리는 손님들로 가득하지만 주인장은 친절하고 침착하다. 그래서인지 요리가 생각보다 빨리 나온다.

빨간 국물에 빠진 면 위로 초록색 부추가 놓여있다. 짬뽕순두부도 마찬가지다. 빨강과 초록의 색 대비가 식욕을 더 자극한다.

'신짬'의 짬뽕은 국물이 시원하다. 아주 자극적이거나 맵지 않다. 국내산 생물 홍합살, 오징어, 바지락, 돼지고기, 양파, 당근, 배추 등을 넣어 국물이 깊은 맛이 나고 칼칼하면서도 시원하다. 매운 것을 잘 못 먹는 사람도 맛있게 먹을 수 있다. 특히, 재료를 센 불에서 빠르게 볶아 국물에서 불향이 나는데 입과 코로 동시에 빨간 국물을 들이키는 맛이 좋다.

주인장은 매달 50만원을 강릉시에 기부하고 있다고 한다. 이런 나눔을 평생 이어가겠다는 맹세를 메뉴판에 떡하니 적어놓고 실천하는 곳. 주인장의 넉넉한 밥 인심에 푸근한 마음으로 식사를 마치고 나니, 괜스레 기분이 좋아진다. 직접 나눔을 실천하지는 못했어도 짬뽕 한 그릇으로 뭔가 동참한 것 같은 기분 때문일까? '신짬'은 이래저래 즐거운 곳이다.

9시부터 시작합니다. 서두르세요!

주소. 중기길 19 (옥천동 366)
영업시간. 09:00~16:00
휴무. 매주 화요일
전화. 033-642-8264
주차. 없음
대표메뉴. 짬뽕 8,000원, 짬뽕순두부 8,000원

50년 역사와 인품이 서린 맛

원성식당

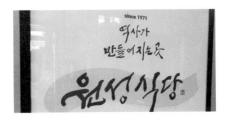

오래된 가옥과 담벼락이 구불구불 이어진 좁은 골목길이 정
겨운 동네, 명주동. 이 동네는 주인마저 오랜 연륜을 자랑하
는 어르신들이 많은 곳이다. 사는 사람도, 집도, 동네도 모두
그 자체로 강릉의 역사를 차곡차곡 쟁이고 있는 명주동, 그
안에 맛집의 역사 역시 예외일 수는 없다. 1971년 오픈해 50
년 전통을 자랑하는 강릉의 대표적인 노포(老鋪)가 바로 '원
성식당'이다.

'원성식당'은 강릉의료원에서 한국은행 사거리 쪽으로 들어가
는 우측 도로변에 위치하고 있다. 옛 명주초등학교 현 명주예
술마당 바로 건너편이다. 50년 전 오픈할 때부터 한 번도 이
전하지 않고 같은 자리를 지키고 있다. '원성식당'이라는 상
호도 이전 주인이 사용하던 상호를 그대로 쓴 것이다. 한식과
중식 등 다양한 메뉴로 인근 이웃들에게 정성스런 한 끼를 내
며 오늘에 이르렀고, 그 역사는 오늘도 계속되고 있다. 이젠
주인장도 그 오랜 세월을 비켜가지 못해 아들의 도움을 받아
서 식당을 운영하고 있다.

비빔밥과 백반 등 한식 메뉴도 있지만, '원성식당'은 짬뽕 맛집으로 유명하다. 짬뽕은 물론, 짬뽕밥, 잡채밥, 탕수육 등이 인기 메뉴다. 돼지고기와 오징어, 조갯살 같은 해산물에 야채도 가득해 시원하면서도 칼칼한 맛의 짬뽕이 사랑받았다. 자극적인 매운 맛이라기보다 시원하면서도 매운 맛이라고나 할까. 윤기가 반질반질한 잡채밥이나 바삭바삭하면서도 새콤달콤한 탕수육도 엄지척하고 내세울 만큼 맛있다.

초등학교 때 먹던 짜장면이나 탕수육이 생각나 이젠 그 맛을 아이와 함께 느끼고 싶다며 식당을 찾는 사람들도 있고, 일 때문에 강릉을 떠났던 사람도 고향에 올 때마다 들러 맛있게 한 끼 먹고 간다는 곳. 추억의 맛 때문에 찾는 곳이지만, 그렇게 또 다른 추억을 만들며 역사를 이어가는 곳. 고객이 만들어나간 이런 역사가 고마워 마음을 전하기 위해 주방에서 조리를 하다가도 홀로 나와 따뜻한 인사를 전하는 주인장이 지키는 곳. '원성식당'의 주방은 오늘도 추억과 역사를 뜨끈하게 조리할 채비로 바쁘다.

since 1971. 말이 필요없는 짬뽕 맛집! 잡채밥도 함께하세요.

주소. 경강로 2022-1 (명주동 62-1)
영업시간. 10:00~20:00
휴무. 매월 첫째, 셋째 일 휴무 / 둘째, 넷째 일은 점심 영업만 함
전화. 033-648-6185
주차. 남대천 둔치 및 인근
대표메뉴. 짬뽕 6,500원, 잡채밥 7,000원, 탕수육 16,000원

강동면 매운 맛집

해령루

강릉 시내에서도 한참 떨어져 있지만 짬뽕 맛집 중 이곳을 빼놓으면 조금 섭섭하다. 거리와 상관없이 꼭 찾아가 매운맛(?)을 봐야 하는 단골들이 있기 때문이다. 야외로 나오면 시내에서는 느끼지 못했던 한적한 시골의 맛을 더 느낄 수 있고, 그만큼 마음도 여유로워진다.

강동면에 위치한 '해령루'는 최고 피크 타임만 아니면 줄을 서서 기다릴 필요가 없다. 일단 매장도 주차장도 널찍하기 때문이다. 주로 인근에 위치한 공장이나 염전해변에서 일하시는 분들이 출출한 배를 달래러 자주 찾는다. 회사나 모임의 단체 회식 장소로도 사랑받는 곳이기도 하다. 이런 단골손님들의 입소문에 <해령루>를 찾는 고객들은 점점 더 늘어나 다른 지역에서도 찾아오고, 관광객들도 많이 찾아온다.

간짜장이나 불맛 나는 볶음밥도 맛있지만 얼큰하고 칼칼한 매운 짬뽕이 대표 메뉴다. 해물과 야채가 듬뿍 들어간 짬뽕국물이 얼큰하고 칼칼해서 매운 맛을 즐기는 사람들에게는 더 사랑받는다. 특히, 매운짜장면과 매운짬뽕을 주문하면 더욱 뜨겁고 자극적인 매운맛에 도전해 볼 수 있다. 이열치열 얼얼한 혀끝에 땀을 쏙 빼며 즐기는 여름 짬뽕도 좋고, 추운 날씨에 온몸을 화끈하게 덥히며 먹는 겨울 짬뽕도 좋다.

매장 안에서 훤히 들여다보이는 오픈 주방에서 주문 즉시 조리에 들어가서 주문 후 시간이 조금 소요된다. 기다리는 동안 매운 맛을 영접할 마음의 준비를 천천히 해보자.

우리들은 볶음밥과 짬뽕을 찾아
오늘도 아침 일찍 안인으로 찾아갑니다.

주소. 강동면 율곡로 1955 (안인리 558-21)
영업시간. 08:00~19:00
휴무. 매주 월요일
전화. 033-644-5919
주차. 여유 있음
대표메뉴. 짬뽕 7,000원, 매운짬뽕 8,000원, 볶음밥 8,000원

고객과 함께 푸른 꿈을 굽는

고래빵집

아침 6시, 아직 새벽의 기운이 다 가시지 않은 이른 아침. 유
리창에 비친 자신의 얼굴을 확인하며, 커다란 앞치마 끈을 질
끈 동여매는 청년이 있다. 오늘 하루 고객에게 내놓을 제품
리스트를 확인하며, 재료 준비에 여념이 없다. 아무도 없는
매장 안 홀로 아침을 여는 이 사람, '고래빵집' 유영화 제과장
이다.

"아침시간이 좋아요. 조금 설렌다고 할까요? 제가 만든 빵을
어떤 고객이 드시러 오실지 기대하며 하루를 준비하는 이 시
간을 가장 좋아합니다. 물론, 우리 매장 분위기가 좋은 것도
있고요. 책과 빵 그리고 커피가 있는 공간이잖아요."

말하면서도 분주하게 움직이는 손놀림에 경쾌함이 묻어난다.

자신의 일에 즐겁게 몰두하는 것만큼 아름다운 모습이 또 있을까. 열정적인 그 모습에 절로 기분이 좋아진다. 마치 자신에게 꼭 맞는 옷을 입은 사람처럼 빵을 만드는 그의 손길과 눈길이 하나가 되어 움직인다.

"저는 원주에서 농업고등학교에 다니는 평범한 학생이었어요. 먹는 것을 좋아해서 요리사가 꿈이었죠. 2학년 때 식품과를 선택하고 한식을 배웠어요. 그런데, 3학년 커리큘럼에 있는 제빵을 공부하던 중 갑자기 취업할 수 있는 기회가 생겼어요. 주문진에 있는 김성수 베이커리에서 남학생 2명을 구한다기에, 저와 제 친구가 가게 된 거예요. 그게 빵과 저의 첫 인연이었죠."

유영화 제과장은 19살 때의 그 첫 인연을 시작으로 올해 17년째 빵으로 자신의 인생을 반죽하며 구워내고 있다. 무슨 일이든 그렇겠지만, 제과제빵 일은 보통 체력과 끈기로는 힘든 일이다. 그러다보니, 함께 일하던 동료들이 하루아침에 그만두기 일쑤였다. 자신의 일만도 힘든데 동료의 빈자리까지 채워야 하니, 노동의 강도는 두세 배 커졌고 마음고생은 그보다 더했다.

"제가 제과제빵을 한다고 하니, 선배들이 다 말렸어요. 기존에 일하던 선배들도 다른 직종으로 이직을 많이 했고요. 하지만, 저는 오기로 버티며 이 길을 걸어왔어요.
열심히 한 덕인지 다양한 경험을 할 기회도 찾아왔죠."

개인 사업장인 윈도우베이커리에서 일을 시작한 유영화 제과
장은 베이커리업계에서 쌓을 수 있는 이력을 다양하게 쌓아
나갔다. 호텔, 리조트의 제빵부는 물론, 프랜차이즈 업체인
파리바게뜨를 거쳐 공장업체, 카페 베이커리 등에서 일했다.
다양한 종류의 제품을 보고 배울 기회는 물론 다른 부서나 사
람들과 협업하며 소통하는 방법도 덤으로 얻었다.

"그간 빵을 만들면서 설탕과 소금을 빼고 빵을 만들어 달라,
5년간 간수를 뺀 소금인데 이 소금으로 빵을 만들어 달라, 우
리나라 토종밀인 앉은뱅이밀로 빵을 만들어 달라는 등, 수없
이 많은 부탁과 주문을 받아왔어요. 매번 손님의 요구를 맞춰
드릴 수는 없지만, 가능한 선에서 도전하고 실행해요. 그
렇게 탄생한 제품으로 손님들을 기쁘게 해드릴 때 가장 보람
을 느낍니다."

강릉 지역에서 나는 고구마, 호박, 옥수수 등을 원재료로 더
건강한 빵, 더 영양 가득한 빵 그리고 더 맛있는 빵을 만들고
싶다는 유영화 제과장. 특히, 그는 빵 맛에 따라 각각 맞춤 반
죽을 하고, 소금과 설탕, 물의 비율을 양심껏 과하지 않게 적
절히 유지한다. 그래야 제품이 가진 고유의 풍미를 살릴 수
있기 때문이다. 자극적인 입맛을 좇기보다 좋은 제품을 고객
에게 자신 있게 내놓고 싶은 제과장으로서의 나름의 원칙이
기도 하다.

"우리 매장에서는 20여 종류의 빵을 맛보실 수 있어요. 신제품도 매달 2~3종을 선보이고요. 강릉 시내 한복판에 자리 잡고 있어서 주말이면 관광객들이 많이 방문하시죠. 그래서 트렌드도 피부로 확 느낄 수 있고, 그것이 제품 개발에도 도움을 줍니다. 빵은 물론 책과 커피, 그리고 문화가 있는 공간인 '고래빵집'에는 강릉 관련 상품과 굿즈 등을 다양하게 만날 수 있으니, 꼭 들러주세요."

자신의 일터인 '고래빵집'에 대해 애정이 가득한 말들을 쏟아 놓는 유영화 제과장. 더 많은 사람들이 즐겁게 빵을 만들고, 더 좋은 환경에서 제빵사들이 일하는 그날까지 그는 이곳에서 열심히 생지를 만들고, 반죽을 발효시키며, 자신의 기술을 키워 나갈 것이라고. '고래빵집'은 제과제빵 교육자로 커 나가고 싶다는 그의 푸른 꿈을 응원할 것이다. 때론 든든한 버팀목이 되고, 때론 열정적인 서포터즈가 되어서 말이다.

주소. 율곡로 2848 (옥천동 145-2)
영업시간. 09:00~21:00
휴무. 없음
전화. 033-641-0700
주차. 8대 주차 가능
대표메뉴. 피자빵 5,000원, 밤식빵 4,000원

나만의 맛집.

Date.　　　　.　　　.　　　.

나만의 맛집.

접근성 |
서비스 |
청 결 |
  및 |
가 격 |

나만의 맛집.

나만의 맛집.

접근성		
서비스		
청 결		
맛		
가 격		

0   50   100

나만의 맛집.

분위기		
서비스		
청 결		
맛		
가 격		

나만의 맛집.

나만의 맛집.

접근성					
서비스					
청 결					
맛					
가 격					

봄이었다. 고래책방에서 카페 '강릉 맛집멋집'의 콘텐츠를 책으로 만들자는 제안을 하였다. 강릉을 찾으시는 방문객들에게 우리가 알고 있는 고향의 숨은 맛집들을 두루 알려 여행의 즐거움과 지역 경제 활성화를 북돋워보자는 취지였다.

카페 운영진과 머리를 맞대고 앉아 어떤 책을, 어떻게 만들지 고민하였다. 그 과정에서 가장 어려웠던 점은 맛집이었다. 지면이 한정되어 있었기 때문이다. 여튼, 봄에 기획하여 한여름 더운 날씨에 현장 답사를 다니고, 한해가 마무리되어 가는 이즈음 책을 낼 수 있게 되었다. 맨 처음 책 출판 제안을 해주신 '고래책방' 김선희 대표님과 남루한 초고를 다듬어 예쁘게 만들어주신 전승남, 안상현 편집자님께 감사드린다. 그리고, 무엇보다 함께 머리를 맞대고 고민하며 애써준 우리 카페 운영진들 이든, 착한사랑, 야무진, 다음, 랭글러 도움주신 회원님들 상현, 여유만만 그리고 정지 회원님들에게 감사 드린다.

이 책이 널리 활용되어 '강릉=맛있는 곳'으로 기억될 수 있기를 간절히 바란다.

강릉 맛집멋집(http://cafe.daum.net/knmo)은 포털사이트 다음(daum)에 2006년 12월 7일에 개설한 온라인 카페. 다음에서 '강릉 맛집멋집'을 검색하면 바로 접속이 가능하다. 1대 카페지기는 '소금인형'님이었고, 2012년 8월 25일부터는 우리 2대 운영진들이 카페를 운영 중이다. 강릉은 물론 타 지역 맛집, 카페 등에 대한 게시글이 약 5천여 개 올라와 있는데 한줄평이 아니라 직접 방문하고 올린 매장 사진과 글로 채워져 있다. 카페 방문이나 회원 가입은 누구에게나 언제든 열려있다.

강릉 맛집멋집
http://cafe.daum.net/knmo

환경을 생각해서 코팅을 하지 않았으며
친환경 인증 종이와 잉크로 인쇄하였습니다.

고래 피-익 Gore Pick 강릉맛집

발행. 2020년 12월

발 행 인 │ 김선희
발 행 처 │ 고래책방
기   획 │ 전승남
지 은 이 │ 김주영
디 자 인 │ 참깨
인   쇄 │ 대성출판사

주소 25551 강릉시 율곡로 2848(옥천동 145-2)
전화 033-641-0700 팩스 033-655-0703 이메일 gore0001@naver.com

www.instagram.com/gore_bookstore

ISBN 979-11-972402-0-1